同济大学本科教材出版基金资助

U0274325

# 数学实验（上册）

同济大学数学系　陈雄达　关晓飞　殷俊锋　张华隆 **编**

同济大学 出版社
TONGJI UNIVERSITY PRESS

# 内 容 提 要

本书是数学实验教材基础篇,全书内容包括 18 个实验,主要介绍 MATLAB 软件入门以及高等数学、线性代数、概率论、离散数学、数据结构等课程的部分基础内容.各实验相对独立,并配备一定的基础实验题和开放题.通过本课程的学习,学生能够学会 MATLAB 的基本概念与编程方法,加深对相关数学概念与方法的理解,初步学会综合使用 MATLAB 解决一些实验问题.

本书可以作为大学理工科低年级学生的数学实验教材,也可以作为一般技术管理人员的 MATLAB 入门书籍.

**图书在版编目(CIP)数据**

数学实验(上册)/ 同济大学数学系编. -- 上海:同济大学出版社,2016.8
ISBN 978-7-5608-6434-1

Ⅰ.①数… Ⅱ.①同… Ⅲ.①高等数学—实验—高等学校—教材 Ⅳ.①O13-33

中国版本图书馆 CIP 数据核字(2016)第 153739 号

## 数学实验(上册)

同济大学数学系 陈雄达 关晓飞 殷俊锋 张华隆 编
**责任编辑** 张 莉 武 钢 **责任校对** 徐春莲 **封面设计** 陈益平

出版发行 同济大学出版社 www.tongjipress.com.cn
(地址:上海市四平路 1239 号 邮编:200092 电话:021-65985622)
经 销 全国各地新华书店
印 刷 同济大学印刷厂
开 本 787mm×960mm 1/16
印 张 12
字 数 240 000
版 次 2016 年 8 月第 1 版 2016 年 8 月第 1 次印刷
书 号 ISBN 978-7-5608-6434-1

定 价 26.00 元

# 前　言

　　20 世纪 90 年代以来,数学建模和数学实验课程的创建、完善是大学数学教育的一个重要创新.得益于计算机技术的发展,MATLAB, MAPLE 和 MATH-EMATICA 软件出现,并广泛地应用于数学实践,数学实验和数学建模课程蓬勃发展起来.

　　实践证明,数学实验课程可以让学生变被动学习为主动学习,积极探索高等数学、线性代数和概率论中的一些课题,学会利用数学软件来辅助理解抽象的数学概念,尝试把这些数学概念和方法初步应用于解决实际问题,从而激发学生自主学习的热情,最终提高学生的数学综合能力和数学素养.

　　本书采用 MATLAB 6.2 和 6.5 版本为标准,数学实验上册为基础篇,主要介绍 MATLAB 软件入门以及高等数学、线性代数、概率论、离散数学、数据结构等课程的部分基础内容.教材内容安排使各个实验相对独立,每个实验都配备了一定的基础实验题和开放题目,学生可以选择适合自己程度的题目进行实践,从而加深对相应数学理论的理解.上册基础篇安排有 18 个实验,教师数学时可以有针对性地选择,每个实验的内容都略多于 2 个课时,可以安排学生课后继续完成.

　　通过本书的学习,学生可以深入理解高等数学、线性代数、概率论等课程的一些基本概念,对算法也会有一定的了解;学会使用 MATLAB 软件,也可以培养学生自己运用数学概念、算法和编程等方面的能力,并着手解决一些相对简单的实际问题.

　　参加本书编写的有陈雄达、关晓飞、殷俊锋和张华隆.第 1—4 章由张华隆编写,第 5—9 章由殷俊锋编写,第 10—14 章由关晓飞编写,第 15—18 章由陈雄达编写,全书由陈雄达统校.

　　由于作者学识所限,本书难免有错误或者不当之处,欢迎大家提出宝贵意见.

作　者

2016 年 6 月于同济园

# 目　录

前言

第1章　初识 MATLAB ……………………………………………………………… 1

1.1　实验导读 …………………………………………………………………… 1

1.2　实验目的 …………………………………………………………………… 1

1.3　实验内容 …………………………………………………………………… 1

1.4　练习题 ……………………………………………………………………… 5

第2章　矩阵的建立 ………………………………………………………………… 6

2.1　实验导读 …………………………………………………………………… 6

2.2　实验目的 …………………………………………………………………… 6

2.3　实验内容 …………………………………………………………………… 6

2.4　练习题 ……………………………………………………………………… 14

第3章　符号运算 …………………………………………………………………… 16

3.1　实验导读 …………………………………………………………………… 16

3.2　实验目的 …………………………………………………………………… 16

3.3　实验内容 …………………………………………………………………… 16

3.4　练习题 ……………………………………………………………………… 22

第4章　极限与导数实验 …………………………………………………………… 23

4.1　实验导读 …………………………………………………………………… 23

4.2　实验目的 …………………………………………………………………… 24

4.3　实验内容 …………………………………………………………………… 24

4.3.1　极限运算 …………………………………………………………… 24

4.3.2　求导运算 …………………………………………………………… 27

4.3.3　级数展开和级数求和 ……………………………………………… 28

4.4　练习题 …………………………………………………………………… 30

**第5章　程序编制** …………………………………………………………… 32

5.1　实验导读 …………………………………………………………………… 32

5.2　实验目的 …………………………………………………………………… 32

5.3　实验内容 …………………………………………………………………… 32

　　5.3.1　关系运算和逻辑运算 ………………………………………………… 32

　　5.3.2　程序控制语句 ………………………………………………………… 34

　　5.3.3　脚本文件和函数文件 ………………………………………………… 40

5.4　练习题 …………………………………………………………………… 42

**第6章　算法入门** …………………………………………………………… 44

6.1　实验导读 …………………………………………………………………… 44

6.2　实验目的 …………………………………………………………………… 44

6.3　实验内容 …………………………………………………………………… 44

　　6.3.1　简单程序编写 ………………………………………………………… 44

　　6.3.2　嵌套结构 ……………………………………………………………… 45

6.4　练习题 …………………………………………………………………… 53

**第7章　巧用随机数** ………………………………………………………… 55

7.1　实验导读 …………………………………………………………………… 55

7.2　实验目的 …………………………………………………………………… 55

7.3　实验内容 …………………………………………………………………… 55

　　7.3.1　随机数的生成原理 …………………………………………………… 55

　　7.3.2　MATLAB中的随机数发生器 ………………………………………… 57

　　7.3.3　随机数的应用 ………………………………………………………… 59

7.4　练习题 …………………………………………………………………… 64

**第8章　集合和向量的基本运算** …………………………………………… 65

8.1　实验导读 …………………………………………………………………… 65

8.2　实验目的 …………………………………………………………………… 65

8.3　实验内容 …………………………………………………………………… 65

　　8.3.1　两个集合间的运算 …………………………………………………… 65

　　8.3.2　向量间的运算 ………………………………………………………… 67

8.3.3　解析几何简单应用 ············································ 69

8.4　练习题 ························································· 70

**第9章　图形的绘制** ················································ 72

9.1　实验导读 ······················································ 72

9.2　实验目的 ······················································ 72

9.3　实验内容 ······················································ 72

9.3.1　二维图形绘制 ·············································· 72

9.3.2　三维图形绘制 ·············································· 82

9.4　练习题 ························································· 87

**第10章　线性方程组实验** ············································ 89

10.1　实验导读 ····················································· 89

10.2　实验目的 ····················································· 89

10.3　实验内容 ····················································· 89

10.3.1　线性方程组的求解 ········································· 89

10.3.2　线性方程组实验 ··········································· 93

10.4　练习题 ························································ 96

**第11章　多项式和非线性方程** ········································ 97

11.1　实验导读 ····················································· 97

11.2　实验目的 ····················································· 97

11.3　实验内容 ····················································· 97

11.3.1　多项式的表示和计算 ······································· 97

11.3.2　代数方程的求解 ·········································· 100

11.3.3　多项式应用 ············································· 103

11.4　练习题 ······················································ 105

**第12章　积分和数值积分实验** ······································ 106

12.1　实验导读 ···················································· 106

12.2　实验目的 ···················································· 106

12.3　实验内容 ···················································· 107

12.3.1　不定积分和定积分的精确计算 ······························ 107

12.3.2　不定积分和定积分的近似计算 ······························ 107

　　　　12.3.3　一元微积分问题 ……………………………………… 109

　　　　12.3.4　梯形公式计算积分的演示 ………………………… 111

　　12.4　练习题 …………………………………………………… 112

第13章　Monte Carlo 模拟 ………………………………………… 114

　　13.1　实验导读 ………………………………………………… 114

　　13.2　实验目的 ………………………………………………… 114

　　13.3　实验内容 ………………………………………………… 114

　　　　13.3.1　Monte Carlo 方法计算积分 ……………………… 114

　　　　13.3.2　Monte Carlo 方法求解简单优化问题 …………… 118

　　　　13.3.3　Monte Carlo 模拟排队现象 ……………………… 121

　　13.4　练习题 …………………………………………………… 122

第14章　数的赛跑 …………………………………………………… 124

　　14.1　实验导读 ………………………………………………… 124

　　14.2　实验目的 ………………………………………………… 125

　　14.3　实验内容 ………………………………………………… 125

　　　　14.3.1　连分式 ……………………………………………… 125

　　　　14.3.2　级数 ………………………………………………… 128

　　14.4　练习题 …………………………………………………… 132

第15章　排序算法 …………………………………………………… 133

　　15.1　实验导读 ………………………………………………… 133

　　15.2　实验目的 ………………………………………………… 133

　　15.3　实验内容 ………………………………………………… 134

　　　　15.3.1　选择排序 …………………………………………… 134

　　　　15.3.2　快速排序 …………………………………………… 135

　　　　15.3.3　希尔排序 …………………………………………… 137

　　　　15.3.4　基数排序 …………………………………………… 139

　　　　15.3.5　排序的应用 ………………………………………… 141

　　15.4　练习题 …………………………………………………… 144

第16章　不定方程拾趣 ……………………………………………… 146

　　16.1　实验导读 ………………………………………………… 146

16.2　实验目的 ……………………………………………… 146

16.3　实验内容 ……………………………………………… 146

16.3.1　百鸡问题 …………………………………… 146

16.3.2　孙子剩余定理 ……………………………… 148

16.3.3　埃及分数及不定方程 ……………………… 150

16.3.4　奇怪的三角形 ……………………………… 151

16.4　练习题 ………………………………………………… 153

**第17章　图与网络规划** …………………………………… 154

17.1　实验导读 ……………………………………………… 154

17.2　实验目的 ……………………………………………… 154

17.3　实验内容 ……………………………………………… 154

17.3.1　图的基本概念 ……………………………… 154

17.3.2　图的矩阵描述 ……………………………… 157

17.3.3　最短路径 …………………………………… 158

17.3.4　最小生成树 ………………………………… 162

17.4　练习题 ………………………………………………… 164

**第18章　数据的基本统计分析** …………………………… 166

18.1　实验导读 ……………………………………………… 166

18.2　实验目的 ……………………………………………… 166

18.3　实验内容 ……………………………………………… 166

18.3.1　常用分布及概率问题求解 ………………… 166

18.3.2　统计量分析 ………………………………… 168

18.3.3　大样本数据的处理 ………………………… 170

18.3.4　直方图与概率值检验函数 ………………… 172

18.4　练习题 ………………………………………………… 174

**索引** ………………………………………………………… 175

**参考文献** …………………………………………………… 180

# 第 1 章　初识 MATLAB

1.1　实验导读

　　MATLAB 是一款集高性能计算及计算可视化于一身的优秀的计算软件，由 Mathworks 公司研发，至今已经发行多个版本，在高等教育、工业研发等方面都有重要的应用. MATLAB 软件的名称起源于 Matrix Laboratory，意思是矩阵实验室，有优秀的矩阵数据处理功能.

1.2　实验目的

　　1. 熟悉 MATLAB 软件的启动和退出；
　　2. 熟悉 MATLAB 软件的各种窗口和菜单；
　　3. 熟悉 MATLAB 环境的辅助命令；
　　4. 熟悉 MATLAB 基本语法和脚本文件.

1.3　实验内容

　　1. 启动与退出
　　双击桌面的 MATLAB 图标，启动 MATLAB 软件. MATLAB 各种版本的软件界面有所不同，但都包含基本的命令窗口和历史命令窗口.
　　命令窗口的提示符通常为＞＞，在其后输入命令可以直接得到结果. 例如

**实验 1.1：比较密率、约率和圆周率**

在命令窗口分别输入 $\frac{355}{113}$，$\frac{22}{7}$ 和 pi，回车后分别得到：

```
>> 355/113
ans=
    3.1416
>> 22/7
```

```
ans=
    3.1429
>> pi
ans=
    3.1416
```
在 MATLAB 命令窗口和历史命令窗口，可以同时看到，MATLAB 对运算指令都有相应的记录.

　　MATLAB 窗口界面中的第一行为菜单行，第二行为工具栏，菜单和工具栏的功能类似于 Word 软件. 工具栏下面是三个最常用窗口：右边最大的是命令窗口（Command Window），左上方前台为工作空间（Workplace），后台为当前目录（Current Directory），左下方为历史命令（Command History），左下角还有一个开始（Start）按钮，用于快速启动演示（Demonstrator），帮助（Help）和桌面工具等.

　　退出整个 MATLAB 可以按窗口右上方的叉号，也可以在命令行中直接输入 exit，而后键入回车.

　　2. 变量与常量、辅助命令

　　上面例子中的 pi 是 MATLAB 系统中的内部变量，即不需要输入就存在的变量，这种变量 MATLAB 中还有 i，j，inf 等，它们分别表示虚根（前两个）和无穷大. 当然，可以输入自己的变量，例如

**实验 1.2：更高精度的 $\pi$ 的近似值**

在命令窗口分别做输入：

```
>> format long
>> x= 104348/33215   % a high-precision pi
x=
    3.141592653921421
>> pi
ans=
    3.141592653589793
```

　　这里，百分号％之后的命令或文本都会被 MATLAB 跳过，可以在此写若干注释. x 是新建的变量，为了显示它的更多位数的小数，使用 format 命令. 该命令可以显示一个内部数值的 4 位小数、16 位小数或者分数格式，也可以有其他的形式. format long 后部的 long 表示长格式，即 16 位小数格式，这也是 MATLAB 运算的内部格式. 单写 format 或者 format short 使用短格式，即 4 位小数的格式，但 MATLAB 内部还是用 16 位小数计算的. format rat 则是使用分数格式.

实际上，ans 也是 MATLAB 的内部变量（答案：answer），只不过它的值飘忽不定：最近一次写了什么表达式而不给任何变量赋值，这个值就给了 ans.

虽然不建议这么做，但可以在命令行中使用 pi＝2＋3，这样系统中的内置的圆周率 π 的值就变成了 5，以后就没有内置的圆周率的值可以用了. 可以用命令 clear pi 清除变量 pi 的值，它的值就恢复成了内置的值. 要是 clear x，那么 x 就没有值了. 清除所有变量可以直接写 clear 而不带任何参数.

MATLAB 中有一个内置的变量为 nan 或者 NaN，称为不定数（Not a Number）. 所有不确定的计算结果都会产生 nan，例如，inf-inf，又如，nan＋3 或者 1$^\wedge$inf.

可以定义很多个变量，MATLAB 中变量定义具有如下规则：变量名的第一个字符必须是英文字母，最多包含 31 个字符（包括英文字母、数字和下划线），变量中不得包含空格和标点符号，不得含有加减号等其他字符. 变量名字母区分大小写，即 matrix 和 Matrix 表示两个不同的变量，aa，aA，AA 都是不同的变量. 定义新变量要记得防止它与系统的内部变量名（如 i，j，pi 等）以及函数名（如 clear，format 等），保留字（如 for，if，while 等）冲突.

如果一条命令太长，可以在行末用三个点换行，表明下一行是上一行的续行：

---

**实验 1.3：简单和复杂的运算**

在命令窗口分别做输入：

```
>> xx= 1+ 2+ 3+ 4+ 5+ 6+ 7+ 8+ 9+ 10+ 11+ 12+ 13+ 14+ 15+ 16+ 17+ 18+ …
+ 19+ 20+ 21+ 22+ 23+ 24+ 25+ 26+ 27+ 28+ 29+ 30+ 31+ 32+ 33+ 34+ 35+ 36
xx=
    666
>> y= 1:36;
>> sum(y)
ans=
    666
```

---

计算 xx 的命令很长，第一行的行末有三个点，表示续行. y 是一个具有 36 个分量的向量，第 $i$ 个分量等于 $i$，最后的分号表示不显示计算 y 的结果（y 当然计算，只是不显示结果）. a:b 可以产生从 $a$ 到 $b$ 间距为 1 的向量. sum 是 MATLAB 内部的命令，用来计算一个向量的各分量的和. 可以看到，xx 和 sum(y) 是一回事，只是后者的写法简单多了.

查找以前写过的命令，可以写一部分（甚至不写），多次按上光标键，系统会依次显示以前输入过的命令，你可以重新编辑然后运行. 例如，键入 x，按上光标键,直至显示 xx＝⋯的这一行,把最后的三个点及加号去掉,键入回车,可以求 1 到 18 的和.

可以用 who 或者 whos 查看目前的变量,也可以用 which sum 或者 help sum 查看系统命令 sum 的所在或者基本功能.

事实上,help 是 MATLAB 最有用的命令:单独输入 help 可以查看 MAT-LAB 的所有工具箱的名字;输入 help datafun 或者其他工具箱的名字可以查看该工具箱的所有函数,可以看到 sum 函数在该工具箱中;输入 help sum 可以查看 sum 的基本功能. 因此,help 是一个多级命令查询系统.该命令的一个替代版本是 doc,在某些场合后者的解释可能更详尽.

3. 脚本文件

MATLAB 可以不必每次都把命令直接写在命令窗口中运行,而是可以事先准备好,直接运行文件名即可,这种文件称之为脚本(Script). MATLAB 的脚本文件以.m 结束,前部的命名方法与变量相同,例如,a.m,check.m 或者 test1.m 都是合法的脚本文件名,运行时,只需要输入不带.m 的名字即可. 例如,

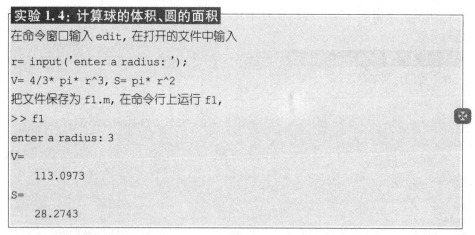

**实验 1.4:计算球的体积、圆的面积**

在命令窗口输入 edit,在打开的文件中输入

```
r= input('enter a radius: ');
V= 4/3* pi* r^3, S= pi* r^2
```

把文件保存为 f1.m,在命令行上运行 f1,

```
>> f1
enter a radius: 3
V=
    113.0973
S=
    28.2743
```

直接在命令行输入 edit f1.m 或者点击按钮中的空白文件按钮,都可以建立新的文件.

input 执行在有提示的情况下输入值给指定的变量. 注意:在 MATLAB 中,几个表达式可以写在一行,用分号或者逗号分隔. 用分号使该表达式运算结果不显示,用逗号则显示结果. 记住,MATLAB 系统只接受英文的标点符号!

MATLAB 的四则运算和乘方分别以"＋－＊/"表示,并且提供一些初等函数可供使用,如三角函数 sin,cos,tan,cot 等(分别代表正弦、余弦、正切、余

切），sqrt 代表开根号，可以在 help elfun 中查看到更多.

若需要在脚本文件中显示一个变量，除了直接书写该变量而不带分号，也可以使用 disp. 例如，disp(V) 显示变量 V 的值. 该命令一次只能显示一个变量的值.

## 1.4 练习题

1. 输入 $x_1$，$x_2$，$x_3$，$x_4$，$x_5$，$x_6$，$x_7$ 的值，计算表达式的结果：

$$y = 174.42 \left( \frac{x_1}{x_5} \right) \left( \frac{x_3}{x_2 - x_1} \right)^{0.85} \times \sqrt{ \frac{1 - 2.62 \left[ 1 - 0.36 \left( \frac{x_4}{x_2} \right)^{-0.56} \right]^{3/2} \left( \frac{x_4}{x_2} \right)^{1.16}}{x_6 x_7}}.$$

2. 启动 MATLAB，熟悉 MATLAB 桌面，包括命令窗口，工作空间，当前目录和历史命令窗口.

3. 熟悉 help 命令，对自己不熟悉的命令进行帮助信息查询. 学会使用 lookfor.

4. 学会命令 sum 和 prod，写一个脚本，输入 $n$，输出从 1 到 $n$ 的所有数的和及所有数的积.

5. 命令 linspace 的功能是什么？产生从 0 到 $2\pi$ 每隔 $45°$的值，并把它存放在一个变量 $z$ 中.

6. 学会使用命令 mod，rem，round，fix，ceil 和 floor.

7. 建立一个脚本，输入一个数，把该数四舍五入到小数点后 2 位（提示：format short g，round）.

# 第 2 章　矩阵的建立

## 2.1　实验导读

　　矩阵是一个非常有用的数学工具. MATLAB 中最基本的数据就是矩阵,向量、数在 MATLAB 中都看成 $1\times n(m\times 1)$ 或者 $1\times 1$ 的矩阵,字符串也看成是字符连成的矩阵.

## 2.2　实验目的

　　1. 熟悉 MATLAB 软件中的向量生成及点运算;

　　2. 熟悉 MATLAB 软件中关于矩阵创建、运算以及矩阵操作的各种命令;

　　3. 熟悉 MATLAB 软件中关于字符串的相关操作.

## 2.3　实验内容

　　1. 冒号及点运算

　　命令 a:s:b 产生从 $a$ 开始,不超过 $b$ 且间距为 $s$ 的向量,例如

---

**实验 2.1: 产生有规律的向量**

在命令窗口分别做如下输入:

```
>> x= 1:2:10
x=
    1  3  5  7  9
>> y= 2:2:10
y=
    2  4  6  8  10
>> z= 10:- 2:1
z=
    10  8  6  4  2
```

---

　　由前面的介绍,若 s 不输入,则其值为 1,通常这种值称为缺省值. 但记得

s ＝10：－1：1 中的－1 不能省略. 若忘记写了，你会得到一个空向量(空矩阵).

　　MATLAB 中可以用方括号产生向量或者矩阵，例如

---

**实验 2.2：矩阵的简单运算**

在命令窗口分别做如下输入：

```
>> A= [1  2  3
        4  5  6
        7  8  9]
A=
   1  2  3
   4  5  6
   7  8  9
>> B= [1 1 1; 2 2 2; 3 3 3]
B=
   1  1  1
   2  2  2
   3  3  3
```

矩阵以方括号括起，行与行之间可以用回车或者分号隔开，每行元素之间用空格隔开.
MATLAB 提供了一些矩阵的直接运算，例如

```
>> A* B
ans=
    14  14  14
    32  32  32
    50  50  50
>> A+ B
ans=
    2   3   4
    6   7   8
    10  11  12
```

---

　　MATLAB 同时内置了一种称为点运算，或者分量运算的计算方式，它把
矩阵或者向量按照对应的分量进行计算. 例如

---

**实验 2.3：向量的点运算**

在命令窗口分别做如下输入(其中 x，y 是前面输入的向量)：

```
>> z1= x.* y
z1=
```

```
  2  12  30  56  90
>> z2= x. /y
z2=
  0.5000  0.7500  0.8333  0.8750  0.9000
>> z3= x. ^y
z3=
  1.0e+ 09*
  0.0000  0.0000  0.0000  0.0058  3.4868
```

其中，z3 结果中 1.0e+09 表示 $1.0 \times 10^9$，是 MATLAB 显示大数字的科学记数法；该结果的每个数值都具有因子 $1.0 \times 10^9$.

可以在命令行上尝试 A.*B，看看它和 A*B 有什么不同.

点运算的另外一种情形是数和向量（矩阵）进行运算，这时候数会与后者的每个分量进行计算：

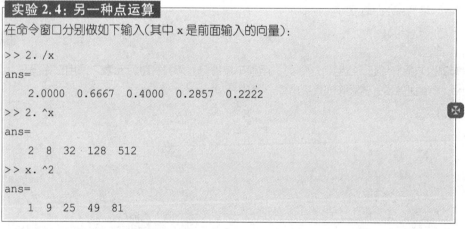

**实验 2.4：另一种点运算**

在命令窗口分别做如下输入（其中 x 是前面输入的向量）：

```
>> 2. /x
ans=
  2.0000  0.6667  0.4000  0.2857  0.2222
>> 2. ^x
ans=
  2  8  32  128  512
>> x. ^2
ans=
  1  9  25  49  81
```

注意，一些简单的运算是不需要点的，如 x＋y，2*x 以及 2＋x. 其中 2＋x 表示向量 x 的每个分量加上 2.

2. 矩阵的建立

MATLAB 中除了直接用方括号输入元素建立矩阵外，还有非常多的建立其他各种矩阵的方式：

**实验 2.5：常用的建立矩阵的方式**

在命令窗口分别输入：

```
>> A= magic(3)
A=
  8  1  6
```

```
    3  5  7
    4  9  2
>> B= eye(2, 3)
B=
    1  0  0
    0  1  0
>> C= ones(1, 3)
C=
    1  1  1
>> D= zeros(1, 3)
D=
    0  0  0
```

分别建立了 3 阶幻方矩阵,2 行 3 列的单位矩阵,全 1 矩阵和全 0 矩阵. 后面三个命令中,若矩阵行数和列数相同,可以只写一个输入变量,既表示行数也表示列数.

可以用如下的命令得到矩阵的基本属性:

**实验 2.6: 矩阵的属性**

在命令窗口分别输入以下命令,体会其用途.

```
>> A= [1, 2, 3; 4, 5, 6; 7, 8, 9];
>> d= numel(A)
>> e= length(A)
>> [m, n]= size(A)
>> [i, j]= find(A> 3)
```

它们分别求矩阵 $A$ 的元素个数,$A$ 最长方向的维数,$A$ 的行列数,以及 $A$ 中大于 3 的元素的行列坐标.

**实验 2.7: 矩阵的合并**

矩阵的合并可以产生更大的矩阵,例如

```
>> [A, [B; C]]
ans=
    8  1  6  1  0  0
    3  5  7  0  1  0
    4  9  2  1  1  1
```

可以看出,矩阵合并的方式和产生矩阵的方式一致,不过要注意合并的块应该有相同的行数或者列数.

字符串在 MATLAB 中也看成矩阵,以单引号括起:

**实验 2.8：字符串简单操作**

在命令窗口中输入

```
>> s= 'hello '; t= 'MATLAB';
>> s1= [s t]
s1=
hello MATLAB
>> s2= [s ''; t]
s2=
hello
MATLAB
```

'␣'是含有一个空格的字符串，只有这样两行的字符才一样长. 如果不想人工地计算空格，可以使用命令 strvcat(s, t). MATLAB 字符串的显示结果中不含引号，正如矩阵的显示结果不含方括号. 字符串本身含有单引号时，把单引号双写即可，例如 S='I''m a student.' 句号或者双引号都不必另外处理.

3. 矩阵的抽取、删除、替换

矩阵的操作除赋值及合并外，还包括矩阵的抽取、删除、替换等.

**实验 2.9：矩阵的抽取**

在命令窗口分别输入：

```
>> A= magic(3)
A=
   8  1  6
   3  5  7
   4  9  2
>> A(2, 3)
ans=
     7
>> A(2, 1:3)
ans=
     3  5  7
>> A(2, :)
ans=
     3  5  7
>> A(1:2, end- 1:end)
ans=
     1  6
```

可以看到, MATLAB 中矩阵抽取下标采用圆括号括住, 可以抽取其中的一块, 且 end 在下标中表示最后一列 (写在行标上则表示最后一行). 还可以尝试 A([1 end], [1 end]). 试着理解这个命令.

　　从下面的方式, 也可以看出字符串是矩阵的一个例子: s='hello'; s(3) 可得到 s 的第 3 个字符.

　　矩阵还有如下的一些特殊提取方式:

**实验 2.10: 矩阵的提取**

　在命令窗口分别输入以下命令, 体会其用途.

```
>> diag(A, k)    % 提取矩阵 A 的第 k 条对角线 ( k = 0 时为主对角线)
>> diag(v, k)    % 生成一个主对角线上第 k 条对角线为向量 v 的矩阵
>> diag(v)       % 生成一个主对角线为向量 v 的对角矩阵
>> tril(A, k)    % 提取矩阵 A 的第 k 条对角线及其下面的部分
>> triu(A, k)    % 提取矩阵 A 的第 k 条对角线及其上面的部分
```

**实验 2.11: 矩阵的替换**

在命令窗口分别输入:

```
>> A= magic(3);
>> A(2, :)= [100 200 300]
A=
    8    1    6
   100  200  300
    4    9    2
>> A(1, end)= 3.14
A=
    8.0000    1.0000    3.1400
   100.0000  200.0000  300.0000
    4.0000    9.0000    2.0000
```

所以, 矩阵元素可以整体替换, 且替换哪怕只有一个元素, 显示结果时也会出现整个矩阵.

　　**注意**　[ ] 表示空矩阵, 删除矩阵的一行有下面两种方式:

**实验 2.12: 矩阵的删除**

在命令窗口分别输入:

```
>> A= magic(3); A= A([1 3], :)
A=
    8  1  6
    4  9  2
```

```
>> A= magic(3); A(2, :)=[]
A=
   8  1  6
   4  9  2
不可以使用 A(2, 1)=[], 为什么?
```

矩阵还有下面的一些特殊的翻转操作:

**实验 2.13: 矩阵的翻转**

命令窗口分别输入以下命令, 体会其用途.

```
>> rot90(A)      % 将矩阵 A 逆时针方向旋转 90 度
>> rot90(A, k)   % 将矩阵 A 逆时针方向旋转 (90* k) 度
>> fiplr(A)      % 将矩阵 A 左右翻转
>> fipud(A)      % 将矩阵 A 上下翻转
```

**4. 矩阵的特殊操作**

MATLAB 提供了下面的一些特殊操作方式:

**实验 2.14: 矩阵的变维等特殊操作**

在命令窗口分别输入以下命令, 体会其用途.

```
>> A= magic(3);
>> A(find(A> = 3))= - 3   % 将矩阵 A 中大于等于 3 的所有的元素换为- 3
>> A(mod(A, 2)= 1)= 0     % 将矩阵 A 中所有奇数换为 0
>> reshape(A, 9, 1)       % 将矩阵 A 变维成 m × n 阶的矩阵
>> A'                     % 矩阵 A 的转置
```

**5. 矩阵的显示**

MATLAB 可以用不同的方式显示数据, 大矩阵的显示更有多种不同的方式(表2.1). 如果这种格式都不太适合, 可以使用指定格式.

**表 2.1　数据格式命令说明**

| 命令 | 数据显示(以$\sqrt{2}$为例) | 说　　明 |
|---|---|---|
| format short | 1.4142 | 短格式, 显示小数点后 4 位 |
| format long | 1.41421356237310 | 长格式, 显示 15 位 |
| format short e | 1.4142e+000 | 科学记数法短格式, 用指数表示, 保留小数点后 4 位 |

续表

| 命令 | 数据显示(以$\sqrt{2}$为例) | 说　　明 |
|---|---|---|
| format long e | 1.41421356237310e+000 | 科学记数法长格式,用指数表示,保留小数点后 15 位 |
| format hex | 3ff6a09e667f3bed | 十六进制 |
| format bank | 1.41 | 货币银行格式,保留小数点后 2 位 |
| format rational | 1395/985 | 有理格式 |
| format+ | + | 紧密格式,显示数据+,-,0 |

　　MATLAB 中提供了命令 fprintf 用来实现格式打印:

**实验 2.15: 格式输出**

在命令窗口分别输入以下命令,体会其用途.

```
>> A= magic(3);
>> fprintf('% 3d', A); fprintf('\n');
    8  3  4  1  5  9  6  7  2
>> fprintf('% 6.2f', A); fprintf('\n');
    8.00  3.00  4.00  1.00  5.00  9.00  6.00  7.00  2.00
```

类似于'%6.2f'的字符串称为格式控制列表. 列表中的%3d 是用 3 位整数显示矩阵 A 的每个元素;而%6.2f 是用 6 位宽的小数显示矩阵 A 的每个元素,其中小数位占 2 位. \n 称为转义字符,该转义字符表示回车. 类似地有, \t, \\ 分别表示制表符和反斜线本身. MATLAB 会把列表中的格式用尽,包括其中的正常字符(如空格),再循环使用这个格式控制列表.

体会下面的例子:

```
>> A= magic(3);
>> fprintf('...........\n'); fprintf('|% 3d% 3d% 3d|\n', A);
fprintf('...........\n');
...........
|8  3  4|
|1  5  9|
|6  7  2|
...........
```

　　类似于%d,%f 的控制符还有%c, %s 等,分别表示字符和字符串.

　　整数或者小数的显示,还有一些其他的修饰符,如'%06.2f'或者'%+6.2f'可以用"0"或"+"引导打印的数字,字符串也有类似的写法.

6. 特殊的矩阵及其他矩阵运算

除了全 0 和全 1 的矩阵以及单位矩阵外，MATLAB 还有下面的一些特殊矩阵：

**实验 2.16：特殊矩阵的生成**

在命令窗口分别输入以下命令，体会其用途.

```
>> rand(m, n)      % 产生 m × n 维随机矩阵(元素在 0~ 1 之间)
>> randn(m, n)     % 产生 m × n 维正态分布随机矩阵
>> randperm(n)     % 产生 1-n 之间整数的随机排列
>> hilb(n)         % 产生 n 阶 Hilbert 矩阵，其元素为 H(i, j) = 1/(i+j-1)
```

MATLAB 同时提供了矩阵的很多运算，下面列出的是较常见的：

**实验 2.17：矩阵的运算**

在命令窗口分别输入以下命令，体会其用途.

```
>> A= magic(4);
>> det(A)          % 方阵 A 的行列式
>> rank(A)         % 矩阵 A 的秩
>> inv(A)          % 矩阵 A 的逆
>> eig(A)          % 矩阵 A 的特征值
>> [X, D]= eig(A)  % 矩阵 A 的特征向量 X 及特征值 D
>> trace(A)        % 矩阵 A 的迹，等于其对角元素之和
>> 3* A            % 常数与矩阵相乘
>> A+ B            % 同维矩阵相加，注意与 3+A 进行比较
>> A- B            % 同维矩阵相减，注意与 3-A 进行比较
>> A* B            % 矩阵 A 和 B 相乘，注意和 A.* B 进行比较
>> A/B             % 方程 XB= A 的解，注意和 A./B 进行比较
>> A\B             % 方程 AX= B 的解，注意和 A.\B 进行比较
>> A^2             % 相当于 A* A，注意和 A.^2 进行比较
>> rref(A)         % 化矩阵 A 为行最简形式
>> null(A)         % 零空间，即方程 Ax= 0 的基础解系向量
```

**注意**　矩阵的加减乘除等运算要按照相关规则运算，否则给出警告信息. 最常见的错误有矩阵的维数不匹配.

## 2.4　练习题

1. spiral 产生怎样的矩阵?
2. 执行下列指令，观察其运算结果，理解其意义.

(1) [1 2；3 4]+10−2i

(2) [1 2；3 4]．＊[0.1 0.2；0.3 0.4]

(3) [1 2；3 4]．\[20 10；9 2]

(4) [1 2；3 4]．^2

(5) exp([1 2；3 4])

(6) sum([1 2；3 4])

(7) prod([1 2；3 4])

(8) [a，b]＝min([10 20；30 40])

(9) abs([1 2；3 4]−pi)

(10) linspace(3，4，5)

(11) A=[1 2；3 4]；sort(A(：，2))

3. 用 MATLAB 语句输入矩阵 A=[1，2，3，4；4，3，2，1；2，3，4，1；3，2，4，1]，如果输入命令 A(5，6)=5，将得到什么结果？

4. 输入一个矩阵 $A$，并求出此矩阵 $A$ 的特征向量和特征值.

5. 输入一个方阵 $A$，并比较 2^A 和 2.^A 的区别.

6. 利用 A＝magic(6) 命令生成 $A$ 矩阵，并对其做如下操作：

(1) 取出 $A$ 的第 2 行第 1 列的元素，赋值给 $c$；

(2) 将其全部偶数行偶数列提取出来，赋值给 $B$ 矩阵；

(3) 将 $A$ 的第 1 列和最后一列互换；

(4) 删除 $A$ 的第 2 列.

7. 生成 4×5 的全 1 矩阵，生成 3×4 的随机矩阵，生成 3 维的单位矩阵.

8. 生成一个 10×10 的矩阵，其元素均匀分布在 [0，100] 上.

9. 输入一矩阵 $A$，并将 $A$ 的第 2 行元素扩大 2 倍，并把第 3 行的 −2 倍加到第一行上.

10. A=[1，3，5；5，8，3；6，1，6]，B=[3，6；9，5；8，2]，C=[3，3，9；4，0，6]，D=[2：6]，体会命令 [A，B]，[A；C]，[A，B；D] 所产生的结果，学习由小矩阵生成大矩阵的方法.

11. 生成矩阵

$$\begin{bmatrix} 2 & 3 & 4 & 5 & 6 & 7 & 8 \\ 3 & 4 & 5 & 6 & 7 & 8 & 9 \\ 4 & 5 & 6 & 7 & 8 & 9 & 10 \\ 5 & 6 & 7 & 8 & 9 & 10 & 11 \\ 6 & 7 & 8 & 9 & 10 & 11 & 12 \\ 7 & 8 & 9 & 10 & 11 & 12 & 13 \end{bmatrix}.$$

# 第3章 符号运算

符号计算工具是一个很有用的工具，对于获得完美的答案很有帮助．但是，不能太依赖符号计算，毕竟有相当多的问题，符号计算是无法解决的．

## 3.2 实验目的 ▶

1. 学会 MATLAB 符号运算的基本功能；
2. 学会符号作图方式．

## 3.3 实验内容 ▶

1. 符号型变量

MATLAB 中定义了符号型变量，以区别于常规的数值型变量，可以用于公式推导和数学问题的解析解法．

创建符号型变量有如下两种方法：

方法 1　用命令 sym 创建单个符号变量，符号表达式和符号方程；

方法 2　用命令 syms 创建多个符号变量和符号表达式．

举例如下：

**实验 3.1：定义符号型变量**

在命令窗口分别输入以下命令，定义一个字符变量．

```
>> s1= sym('a+ b+ c')
s1=
    a+ b+ c
>> s2= sym('a^2+ b^2+ c^2- a* b- a* c- b* c')
s2=
    a^2- a* b- a* c+ b^2- b* c+ c^2
```

```
>> S= s1* s2
S=
    - (a+ b+ c)* (- a^2+ a* b+ a* c- b^2+ b* c- c^2)
>> simplify(S)
ans=
    a^3- 3* a* b* c+ b^3+ c^3
>> ss= sym('a* x^2+ b* x- c= = 0')
ss=
    a* x^2+ b* x- c= = 0
```

或者

**实验 3.2：定义多个符号型变量**

在命令窗口分别输入以下命令，定义一个字符变量.

```
>> syms a b c d t;
>> f= sin(a* t+ b)* sin(c* t+ d)- cos(a* t+ b)* cos(c* t+ d)
f=
    sin(b+ a* t)* sin(d+ c* t)- cos(b+ a* t)* cos(d+ c* t)
>> simple(f)
```

这里，没有显示化简后的结果，读者可以在命令行上查看，这会花掉不少的时间. 需要注意的是，sym('')中的单引号不能漏，命令 syms 后的符号变量之间不能用逗号隔开，并且用 syms 不能建立符号方程.

2. 符号表达式的若干运算

(1) 合并同类项

collect(S) 将符号表达式 S 中的函数，按默认变量进行同类项合并. collect(S, v) 将 S 中的函数按指定变量 v 进行同类项合并.

**实验 3.3：合并同类项**

在命令窗口分别输入以下命令，观察其运算结果，理解其意义.

```
>> syms x y
>> S= x^2* y+ y^2* x- x^2- x* y+ 3* y;
>> R1= collect(S)
R1=
    (y- 1)* x^2+ (y^2- y)* x+ 3* y
>> R2= collect(S, y)
R2=
    x* y^2+ (x^2- x+ 3)* y- x^2
```

（2）符号表达式的展开

命令 expand(S)常用在多项式的表示式中，也用在三角函数、指数函数和对数函数的展开中.

**实验 3.4：符号表达式的展开**

在命令窗口分别输入以下命令，观察其运算结果，理解其意义.

```
>> syms x y t
>> R1= expand((x- 2)* (x- 4)* (y- t))
R1=
    8* y- 8* t+ 6* t* x- 6* x* y- t* x^2+ x^2* y
>> R2= expand(sin(x+ y))
R2=
    cos(x)* sin(y)+ cos(y)* sin(x)
>> expand((x+ t^y)^4)
ans=
    4* t^(3* y)* x+ 4* t^y* x^3+ t^(4* y)+ x^4+ 6* t^(2* y)* x^2
```

（3）因式分解

命令 factor(S)是将符号表达式和符号整数 S 因式分解的函数，S 可以是正整数.

**实验 3.5：因式分解**

在命令窗口分别输入以下命令，观察其运算结果，理解其意义.

```
>> syms x y
>> R1= factor(x^4- y^4)
R1=
    (x- y)* (x+ y)* (x^2+ y^2)
>> R2= factor(sym('1000000001'))
R2=
    7* 11* 13* 19* 52579
```

（4）分式通分

命令[N, D]=numden(S)是将符号表达式 S 中的每一元素进行通分的函数，其中 N 为分子的表达式，D 为分母的表达式.

**实验 3.6：分式通分**

在命令窗口分别输入以下命令，观察其运算结果，理解其意义.

```
>> sym s x y
>> [N, D]= numden(1/(x- y)+ (x+ y)/(x^4- y^4))
```

```
N=
    x^2+ y^2+ 1
D=
    (x^2+ y^2)* (x- y)
```

（5）复合函数运算

命令 compose(f, g, x, y)返回复合函数 $f[g(y)]$，其中 $f=f(x)$，$g=g(y)$．命令 compose(f, g, z)返回的复合函数以 $z$ 为自变量．命令 compose(f, g, x, y, z)返回复合函数 $f[g(z)]$，并使得 $x$ 为 $f$ 的独立变量，$y$ 为 $g$ 的独立变量．

**实验 3.7：复合函数运算**

在命令窗口分别输入以下命令，观察其运算结果，理解其意义．

```
>> syms x y
>> f= 1/(1+ x^2* y); g= sin(y);
>> C= compose(f, g, x, y)
C=
    1/(y* sin(y)^2+ 1)
>> D= compose(f, g, y, x)
D=
    1/(x^2* sin(x)+ 1)
>> E= compose(f, g, x, y, t)
E=
    1/(y* sin(t)^2+ 1)
```

（6）反函数的运算

命令 g=finverse(f)返回函数 $f$ 的反函数，其中 $f$ 为单值的一元函数，即 $f=f(x)$，若 $f$ 的反函数存在，设为 $g$，则有 $g(f(x))=x$．

**实验 3.8：反函数运算**

在命令窗口分别输入以下命令，观察其运算结果，理解其意义．

```
>> f= sym('1+ 3* x');
>> g= finverse(f)
g=
    x/3- 1/3
>> f= sym('x^4+ 1')
f=
    x^4+ 1
>> finverse(f)
```

```
ans=
    (x- 1)^(1/4)
```

(7) 将复杂的符号表达式显示成习惯的数学书写形式

命令 pretty(S) 是将符号表达式 $S$ 用缺省的线性宽度显示每一元素的函数.

**实验 3.9: 书写显示**

在命令窗口分别输入以下命令, 观察其运算结果, 理解其意义.

```
>> y= sym('log(x)/sqrt(x)');
>> dy= diff(y)                % y 对 x 求导数
dy=
    1/x^(3/2)- log(x)/(2* x^(3/2))
>> pretty(dy)
    1     log(x)
    ...... ......
    3/2   3/2
    x     2x
```

(8) 符号表示式求和

命令 symsum(S, v, a, b) 是将符号表达式 $S$ 指定的符号变量 $v$ 从 $a$ 到 $b$ 求和的函数.

**实验 3.10: 符号表达式求和**

在命令窗口分别输入以下命令, 观察其运算结果, 理解其意义.

```
>> syms n
>> symsum(n^2, 1, n)
ans=
    (n* (2* n+ 1)* (n+ 1))/6
>> symsum(1/n/(n+ 1), 1, n)
ans=
    n/(n+ 1)
```

(9) 确定符号表达式或矩阵中的符号变量

命令 findsym(S) 是以字母表的顺序返回表达式 $S$ 中所有符号变量的函数. 命令 findsym(S, n) 是以字母表的顺序返回表达式 $S$ 中靠 $x$ 最近的 $n$ 个符号变量的函数.

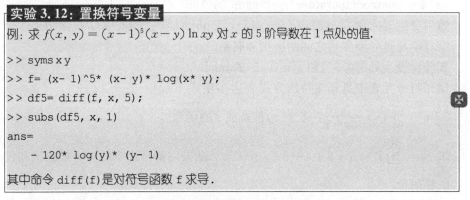

**实验 3.11：寻找符号变量**

在命令窗口分别输入以下命令，观察其运算结果，理解其意义.

```
>> syms a x y z t;
>> S1= findsym(x+ i* y- j* z+ a* eps)
S1=

    a, x, y, z
>> S2= findsym(a+ t- y, 2)
S2=

    y, t
>> S3= findsym(a+ t- y)
S3=

    y, t, a
```

（10）置换符号变量

命令 subs(S，old，new)是将符号表达式 $S$ 中的 old 换成 new 的函数.

**实验 3.12：置换符号变量**

例：求 $f(x, y) = (x-1)^5(x-y)\ln xy$ 对 $x$ 的 5 阶导数在 1 点处的值.

```
>> syms x y
>> f= (x- 1)^5* (x- y)* log(x* y);
>> df5= diff(f, x, 5);
>> subs(df5, x, 1)
ans=

    - 120* log(y)* (y- 1)
```

其中命令 diff(f)是对符号函数 f 求导.

（11）字符串、符号型变量和数值型变量之间的转换

a. 命令 double(S)的作用是将字符串 $S$ 转换成 $S$ 中相应字符的 ASCII 值，或者将符号型变量 $S$ 转换成数值形式；

b. 命令 sym(f)将 $f$ 转换为符号变量；

c. 命令 str2num(S)将字符串 $S$ 转换为数值型变量；

d. 命令 num2str(n)将数值型变量 $n$ 转化为字符串；

e. 命令 digits(d)设置有效数字个数为 $d$ 的近似解精度；

f. 命令 vpa(S, d)求符号表达式 $S$ 在精度 digits(d)下的数值解；

g. 命令 eval(S)执行符号表达式 $S$ 的功能.

**实验 3.13：符号变量和数值变量之间转化**

在命令窗口分别输入以下命令，观察其运算结果，理解其意义.

```
>> syms x
>> t= 1+ x; x= 1/3;
>> R1= eval(t)
R1=
    1.3333
>> R2= vpa(R1, 7)   % double(t)是不规范的
R2=
    1.333333
```

## 3.4　练习题

1. 在命令窗口中输入

    $\gg$a='matrix laboratory'；s=sym('m+n−2')；

    然后分别输入命令 a(3)，s(3)，s(1)，double(a)，double(s)，根据结果体会字符串与符号型变量之间的区别和联系.

2. 实验比较 sym('0.3')和 sym(0.3)的异同.

3. 试用符号元素工具箱支持的方式表达多项式 $f(x)=x^5+3x^4+4x^3+2x^2+3x+6$，并令 $x=\dfrac{s-1}{s+1}$，将 $f(x)$ 替换成 $s$ 的函数.

4. 求 $S=\displaystyle\sum_{i=0}^{64}2^i=1+2+4+8+\cdots+2^{64}$，试采用符号运算的方法求出该和式的精确值.

5. 求证：$\cos 4\alpha-4\cos 2\alpha+3=8\sin^4\alpha$.

6. 求 $(3x+2/3)^{10}$ 展开式中系数最大的项.

7. 因式分解：$\alpha\sin^2 x-(2\alpha^2-\alpha+1)\sin x+2\alpha-1$.

# 第4章　极限与导数实验

4.1　实验导读 ●▶

1. 极限和连续

**数列极限**　对于数列 $\{a_n\}$，若存在一个常数 $A$，对于任意的正数 $\varepsilon>0$，存在正整数 $N$，使得当 $n>N$ 时，有 $|a_n-A|<\varepsilon$ 成立，则称数列 $\{a_n\}$ 收敛，并以常数 $A$ 为极限，记为 $\lim\limits_{n\to+\infty}a_n=A$. 数列若存在极限，则极限必唯一.

**函数极限**　函数 $f(x)$ 在 $x_0$ 的某一空心邻域内有定义，若存在一个常数 $a$，满足对于任意的正数 $\varepsilon>0$，存在正数 $\delta>0$，使得当 $0<|x-x_0|<\delta$ 时，有 $|f(x)-a|<\varepsilon$ 成立，则称函数 $f(x)$ 在 $x\to x_0$ 时以 $a$ 为极限，或者称函数 $f(x)$ 在 $x\to x_0$ 时存在极限，记为 $\lim\limits_{x\to x_0}f(x)=a$. 类似地，可以定义左、右极限.

**函数连续**　若函数 $f(x)$ 在 $x_0$ 的某一邻域内有定义，且 $\lim\limits_{x\to x_0}f(x)=f(x_0)$，则称函数 $f(x)$ 在 $x_0$ 处连续，$x_0$ 称为函数 $f(x)$ 的连续点. 类似地，可以定义左、右连续.

不连续的点称为间断点. 间断点可分为第一类可去间断点，第一类跳跃间断点和第二类间断点.

2. 导数

函数 $f(x)$ 在 $x_0$ 的某一邻域内有定义，若极限 $\lim\limits_{x\to x_0}\dfrac{f(x)-f(x_0)}{x-x_0}$ 存在，则称函数 $f(x)$ 在 $x_0$ 处一阶可导，并称此极限值为函数 $f(x)$ 在 $x_0$ 处的一阶导数，记为 $f'(x_0)$，即 $f'(x_0)=\lim\limits_{x\to x_0}\dfrac{f(x)-f(x_0)}{x-x_0}$.

类似地，可定义左、右导数以及高阶导数. 可导函数在某点的导数值几何上就是函数曲线在该点处切线的斜率.

对于在区间 $[a,b]$ 上二阶可导的函数 $f(x)$ 而言，若 $f''(x)>0$，则函数 $f(x)$ 在区间 $[a,b]$ 上凹(下凸)；若 $f''(x)<0$，则函数 $f(x)$ 在区间 $[a,b]$ 下凹

(上凸).

对于满足条件 $f'(x_0)=0$ 的点 $x_0$，若 $f''(x)>0$，则函数 $f(x)$ 在 $x_0$ 处取到极小值；若 $f''(x)<0$，则函数 $f(x)$ 在 $x_0$ 处取到极大值.

## 4.2  实验目的

本节将使用 MATLAB 符号工具箱进行符号计算，通俗地讲，符号计算就是用计算机推导数学公式. 此时，在计算数学表达式或者解方程时，不是在离散化的数值点上进行，而是凭借一系列诸如因式分解、化简、微分和不定积分等工具，通过推理和演绎的方法，获得问题的解析结果.

本节主要介绍求函数的极限、导数、级数展开和求和的符号运算函数，积分和微分方程求解将在后面的章节介绍.

1. 学会用 MATLAB 软件求高等数学中函数的极限问题；

2. 学会用 MATLAB 软件求高等数学中函数的导数问题；

3. 通过计算、画图等手段，加强对数学概念极限和导数的理解；

4. 学会用 MATLAB 软件级数展开和级数求和.

## 4.3  实验内容

### 4.3.1  极限运算

极限问题在 MATLAB 符号运算工具箱中可以使用 limit 函数直接求出，该函数的调用格式如表 4.1.

表 4.1  极限基本命令

| | |
|---|---|
| limit(f, x, a) | 计算 $\lim\limits_{x\to a}f(x)$ |
| limit(f, x, inf) | 计算 $\lim\limits_{x\to\infty}f(x)$ |
| limit(f, x, a, 'right') | 计算单侧极限 $\lim\limits_{x\to a+}f(x)$ |
| limit(f, x, a, 'left') | 计算单侧极限 $\lim\limits_{x\to a-}f(x)$ |
| limit(limit(f, x, x0), y, y0) | 计算符号表达式 $f(x,y)$ 的累次极限 |

**实验 4.1：极限例 1**

**例题**  求极限 $\lim\limits_{x\to0}(1+6x)^{\frac{1}{x}}$.

**解**  在命令窗口输入如下：

```
>> syms x;
```

```
>> y= (1+ 6* x)^(1/x);
>> limit(y, x, 0)
ans=
    exp(6)
```

---

**实验 4.2：极限例 2**

**例题**　求极限 $\lim\limits_{x\to 0}\dfrac{e^x-1}{x}$.

**解**　在命令窗口输入如下：
```
>> syms x;
>> y= (exp(x)- 1)/x;
>> limit(y, x, 0)
ans=
    1
```

---

**实验 4.3：极限例 3**

**例题**　求极限 $\lim\limits_{x\to\infty} x\left(1+\dfrac{a}{x}\right)^x \sin\dfrac{b}{x}$.

**解**　在命令窗口输入如下：
```
>> syms x a b;
>> f= x* (1+ a/x)^x* sin(b/x);
>> limit(f, x, inf)
ans=
    exp(a)* b
```

---

**实验 4.4：极限例 4**

**例题**　求单边极限 $\lim\limits_{x\to 0^+}\dfrac{e^{x^3}-1}{1-\cos\sqrt{(x-\sin x)}}$.

**解**　在命令窗口输入如下：
```
>> syms x;
>> f= (exp(x^3)- 1)/(1- cos(sqrt(x- sin(x))));
>> limit(f, x, 0, 'right')
ans=
    12
```

**实验 4.5：两个重要极限**

**例题**　验证两个重要极限：$(1)\ \lim\limits_{x\to 0}\dfrac{\sin x}{x}=1$；

$(2)\ \lim\limits_{x\to 0}(1+x)^{\frac{1}{x}}=\mathrm{e}\approx 2.7182818284590\cdots$.

**解**　在命令窗口输入如下：

```
>> syms x;
>> lim1= limit(sin(x)/x, x, 0)
lim1=
    1
>> lim2= limit((1+ x)^(1/x), x, 0)
lim2=
    exp(1)
```

**实验 4.6：观察三种不同的极限**

**例题**　通过画图观察下面三个极限，进一步理解振荡间断点，跳跃间断点的概念，以及无穷大量与无阶量之间的关系.

$(1)\ \lim\limits_{x\to 0}\cos\dfrac{1}{x}$；

$(2)\ \lim\limits_{x\to 0}\dfrac{\mathrm{e}^{\frac{1}{x}}-1}{\mathrm{e}^{\frac{1}{x}}+1}$；

$(3)\ \lim\limits_{x\to 0}\dfrac{1}{x}\sin\dfrac{1}{x}$.

**解**　在命令窗口输入如下：

```
>> syms x;
>> limit(cos(1/x), x, 0)   % limit(cos(1/x), x, 0, 'right')
ans=
    - 1...1
>> limit((exp(1/x)- 1)/(exp(1/x)+ 1), x, 0)
  % limit((exp(1/x)- 1)/(exp(1/x)+ 1), x, 0, 'right')
ans=
    NaN
>> limit(1/x* sin(1/x), x, 0)
ans=
    NaN
```

### 4.3.2　求导运算

求导问题在 MATLAB 符号运算工具箱中可以使用 diff 函数直接求出，该函数的调用格式如表 4.2.

表 4.2　求导基本命令

| | |
|---|---|
| diff(f) | 计算函数 $f$ 的一阶导数 |
| diff(f, n) | 计算函数 $f$ 的 $n$ 阶导数 |
| diff(f, xi) | 计算多元函数 $f$ 对变量 $x_i$ 的一阶导数 |
| diff(f, xi, n) | 计算多元函数 $f$ 对变量 $x_i$ 的 $n$ 阶导数 |
| diff(diff(f, x, m), y, n) | 计算二元函数 $f$ 的偏导数 $\dfrac{\partial^{m+n} f}{\partial x^m \partial y^n}$ |

**实验 4.7：导数**

**例题**　设 $y = 3x^2 - 2x + 1$，求 $y'|_{x=1}$.

**解**　在命令窗口输入如下：

```
>> syms x
>> y= 3* x^2- 2* x+ 1;
>> z= diff(y)
z=
    6* x- 2
>> x= 1;
>> eval(z)
ans=
    4
```

**实验 4.8：二阶导数**

**例题**　求函数 $f(x) = 3x^3 + 6x + 1$ 的二阶导数.

**解**　在命令窗口输入如下：

```
>> syms x
>> f= 3* x^3+ 6* x+ 1;
>> diff(f, 2)
ans=
    18* x
```

---

**实验 4.9：偏导数**

**例题**　求 $z = x^2 \sin(2y)$ 关于 $x$ 的偏导数.

**解**　在命令窗口输入如下：

```
>> syms x y
>> z= x^2* sin(2* y);
>> diff(z, x)
ans=
    2* x* sin(2* y)
```

---

**实验 4.10：混合偏导数**

**例题**　给定函数 $f(x, y) = y^2 \sin x^2$，试求出 $f_{xx}^{(2)}(x, y)$，$\dfrac{\partial^3 f(x, y)}{\partial x \partial y^2}$.

**解**　在命令窗口输入如下：

```
>> syms x y
>> f= y^2* sin(x^2);
>> f1= diff(f, x, 2), f2= diff(diff(f, x), y, 2)
f1=
    2* y^2* cos(x^2)- 4* x^2* y^2* sin(x^2)
f2=
    4* x* cos(x^2)
```

### 4.3.3　级数展开和级数求和

泰勒级数展开在 MATLAB 符号运算工具箱中可以使用 Taylor 函数直接求出，该函数的调用格式如表 4.3.

**表 4.3　泰勒级数展开函数**

| | |
|---|---|
| taylor(f, x, a) | 求函数 $f(x)$ 在 $x = a$ 处的泰勒展开式，$a$ 缺省为 0 |
| taylor(f, x, a, PARAM, VALUE) | 求函数 $f(x)$ 在 $x = a$ 处的泰勒展开式，可以启用更多参数 |
| symsum(f, x) | 求函数 $f(x)$ 的级数和 $\displaystyle\sum_{k=0}^{x-1} f(k)$ |
| symsum(f, x, a, b) | 求函数 $f(x)$ 的级数和 $\displaystyle\sum_{k=a}^{b} f(k)$ |

$f$ 为函数的符号表达式，$x$ 为自变量，若函数只有一个自变量，则 $x$ 可以省略；$a$ 为展开的点，缺省情况下为 0. PARAM 和 VALUE 为可选参数和它的

对应值,如,该函数展开项数的默认值为6,若需要指定更多项数,可以使用变量'Order'(把该值放到 PARAM 的位置)并赋值.

**实验 4.11:泰勒级数展开**

设 $f(x) = \dfrac{1}{x-2}$,试求出该函数在 $x=0$ 与 $x=1$ 处的泰勒级数展开的前 7 项.

```
>> syms x
>> f= 1/(x- 2);
>> taylor(f, x)
ans=
    - x^5/64- x^4/32- x^3/16- x^2/8- x/4- 1/2
>> taylor(f, x, 1)
ans=
    - x- (x- 1)^2- (x- 1)^3- (x- 1)^4- (x- 1)^5
>> taylor(f, x, 1, 'order', 9)
ans=
    - x- (x- 1)^2- (x- 1)^3- (x- 1)^4- (x- 1)^5- (x- 1)^6- (x- 1)^7- (x- 1)^8
```

**实验 4.12:不同项数泰勒级数展开对函数的逼近程度**

利用 MATLAB 的 Taylor 级数展开,一般地,展开项数越多,对被展开的函数的逼近程度就越好. 例如,下面例子实现了正弦函数的奇数阶展开逼近:

```
>> syms x
>> f= sin(x);
>> ezplot(f);
>> hold on;        % 使后面的图形显示在同一窗口中(图 4.1)
>> for k= 1:2:9,
    tk= taylor(f, x, 0, 'order', k);
    ezplot(tk);
    end
```

ezplot 画出一个符号函数的图像,更多的用法详见图形的绘制一章.

**实验 4.13:级数的和函数**

若已知 $f(n) = \displaystyle\sum_{k=0}^{n-1} k^2$,$g = \displaystyle\sum_{n=1}^{+\infty} \dfrac{1}{n^2}$,$h(x) = \displaystyle\sum_{k=0}^{+\infty} \dfrac{x^k}{k!}$,试求出 $f(n)$,$g$ 和 $h(x)$.

```
>> syms k n x
>> f= symsum(k^2, k, 0, n- 1)
f=
    (n* (2* n- 1)* (n- 1))/6
```

```
>> g= symsum(1/n^2, 1, inf)
g=

    pi^2/6
>> h= symsum('x^k/k!', k, 0, inf)
h=

    exp(x)
```

最后一个函数 $h(x)$ 也可以这样实现：$y = \text{sym}('k!')$；$h = \text{symsum}$ $(x\hat{\ } k/y, k, 0, \text{inf})$. 感叹号"!"出现在符号计算中时，写在引号中视为阶乘，没有写在引号中则会报错.

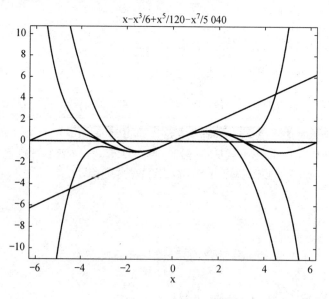

图 4.1 Taylor 展开逼近的结果

## 4.4 练习题

1. 求极限.

(1) $\lim\limits_{x \to 0} \dfrac{\cos x - e^{-\frac{x^2}{2}}}{x^4}$；

(2) $\lim\limits_{x \to +\infty} (1 + 2t/x)^{3x}$；

(3) $\lim\limits_{x \to 0_+} \dfrac{1}{x}$；

(4) $\lim\limits_{x\to 0}\dfrac{2^x-\ln 2^x-1}{1-\cos x}$.

2. 求极限 $\lim\limits_{x\to 0}\dfrac{e^x-1-x}{x^2}$.

3. 求极限 $\lim\limits_{x\to 0_+}(\sqrt{x}-2^{-\frac{1}{x}})$.

4. 求极限 $\lim\limits_{x\to \pi^-}\dfrac{\arctan(x)}{1+x^2}$.

5. 设 $y=7x^3-2x+3$，求 $y''|_{x=1}$.

6. 求 $z=e^x\sin(2y)+\ln x\cos(2y)$ 关于 $y$ 的偏导数.

7. 已知 $x=t^2\sin t$，$y=2t\cos t$ 确定一个函数，求 $y$ 关于 $x$ 的一阶导数.

8. 求极限 $\lim\limits_{x\to\infty}(3^x+9^x)^{\frac{1}{x}}$.

9. 求极限 $\lim\limits_{x\to 0}(1+x)^{\frac{1}{x}}$.

10. 求函数 $y=\sqrt{\dfrac{(x-1)(x-2)}{(x-3)(x-4)}}$ 的 1 到 3 阶导数.

11. 求出函数 $y=x\ln x$ 的 10 阶导数.

12. 计算函数 $y=e^{-2x}$ 在 $x=0$ 处的 6 阶泰勒展开.

13. 计算函数 $y=\dfrac{x}{\sin x}$ 在 $x=2$ 处的 5 阶泰勒展开，并画出前 5 阶展开函数的图形.

14. 下面给出的 $y$ 是 $x_1$，$x_2$，$\cdots$，$x_7$ 的函数，计算 $y$ 对每个自变量偏导数在点 $(0.1,0.3,0.1,0.1,1.5,16,0.75)$ 处的值：

$$y=174.42\left(\dfrac{x_1}{x_5}\right)\left(\dfrac{x_3}{x_2-x_1}\right)^{0.85}\times\sqrt{\dfrac{1-2.62\left[1-0.36\left(\dfrac{x_4}{x_2}\right)^{-0.56}\right]^{3/2}\left(\dfrac{x_4}{x_2}\right)^{1.16}}{x_6x_7}}.$$

# 第 5 章  程 序 编 制

5.1  实验导读

MATLAB 提供了多种执行程序的方法，其中最重要的是函数文件. 程序的逻辑结构包含三种基本的方式：即分支结构、for 循环和 while 循环. 这些是编程的基本工具，熟悉这种结构化编程方式，可以事半功倍，一段小小的程序可以完成一个强大的功能.

5.2  实验目的

1. 熟悉 MATLAB 中的关系运算与逻辑运算；
2. 熟悉 MATLAB 程序结构与控制；
3. 熟悉 MATLAB 函数文件的编写.

5.3  实验内容

### 5.3.1  关系运算和逻辑运算

MATLAB 语言定义了各种关系运算，关系运算符主要用来比较数与数，矩阵与矩阵之间的大小（包括相等与不等），并返回真（用 1 表示），假（用 0 表示）.

基本的关系运算符主要有 6 个：＞（大于）、＜（小于）、＞＝（大于等于）、＜＝（小于等于）、＝＝（等于）和～＝（不等于）.

---

**实验 5.1：关系运算**

在命令窗口分别输入以下命令，体会其用途.

```
>> x= 4;
>> 2< x          % 小于运算，返回结果 1
>> x> = 7        % 大于等于运算，返回结果 0
>> x= = 3        % 等于运算，返回结果 0，注意= = 与= 的区别
>> x~ = 3        % 不等于运算，返回结果 1
```

　　逻辑运算主要有：逻辑与(&)，逻辑或(|)和逻辑非(~).

　　变量中非零数逻辑量为真，零的逻辑量为假. 逻辑运算结果以 1 表示"真"，以 0 表示"假".

---

**实验 5.2：逻辑运算**

在命令窗口分别输入以下命令，体会其用途.

```
>> x= pi;
>> a= (x> 3)&(x< 2)        % "与"运算，两个都为真时，结果为 1，否则为 0
>> b= (x> 3)|(x< 2)        % "或"运算，至少有一个为真时，结果为 1，否则为 0
>> c= ~ (x> 3)             % "非"运算，当值为真时，结果为 0，否则为 1
>> a= xor(x> 3, x< 2)      % "异或"运算，两个值不相同时，结果为 1，否则为 0
```

记得，判断 x 是否在[6, 7]区间中，不能使用 6<x<7，而应该使用 6<x&x<7.

---

**实验 5.3：逻辑运算的向量功能**

这些关系运算和判断实际上都具有向量功能，例如

```
>> x= 1:2:10;
>> mod(x, 3)= = 1
ans=
    1  0  0  1  0
>> mod(x, 3)= = 1&x> = 2
ans=
    0  0  0  1  0
>> x(mod(x, 3)= = 1&x> = 2)= 100
    x=
    1  3  5  100  9
```

　　在 MATLAB 中，还提供了一些特殊的逻辑运算函数，在编程中也是很实用的.

---

**实验 5.4：逻辑运算函数**

在命令窗口分别输入以下命令，体会其用途.

```
>> any(a)        % 若向量 a 中存在非零元素，则结果为 1，否则为 0
>> all(a)        % 若向量 a 中所有元素非零，则结果为 1，否则为 0
>> xor(a, b)     % 向量 a 与 b 中对应元素作异或运算
>> find(a)       % 寻找非零元素坐标
>> isempty(a)    % 判断 a 是否为空矩阵
>> isequal(a, b) % 判断数组 a 和 b 对应分量是否相等
>> isnan(a)      % 判断 a 是否为不定数
```

```
>> isinf(a)          % 判断 a 是否为无限大
>> isprime(a)        % 判断 a 是否为质数
```

算术运算符，比较运算符、逻辑运算符的优先等级如表 5.1 所示.

表 5.1    各运算符的优先级

| 优先级别 | 运　算　符 | | | | |
|---|---|---|---|---|---|
| 1 | 括号() | | | | |
| 2 | 转置' | 共轭转置' | 数组幂.^ | 矩阵幂^ | |
| 3 | 代数正＋ | 代数负－ | 逻辑非～ | | |
| 4 | 点乘.* | 点除.\ | 点除./ | 矩阵乘 * | 矩阵左除\ | 矩阵右除/ |
| 5 | 加＋ | 减－ | | | |
| 6 | 冒号: | | | | |
| 7 | 小于＜ | 大于＞ | 等于＝＝ | 不小于＞＝ | 不大于＜＝ | 不等于～＝ |
| 8 | 数组与&. | | | | |
| 9 | 数组或| | | | | |

### 5.3.2    程序控制语句

下面介绍 MATLAB 的程序结构和控制语句.

(1) 逻辑判断结构

MATLAB 中最基本的逻辑判断结构是 if…end 型的，也可以和 else 语句和 elseif 语句扩展成更为复杂的逻辑判断语句. 其一般结构为：

格式一：if(条件式)

　　　执行语句

　　end

格式二：if(条件式)

　　　执行语句

　　else

　　　执行语句

　　end

格式三：if(条件式)

　　　执行语句

　　elseif(条件式)

　　　执行语句

```
else
    执行语句
end
```

因此, if 语句最多只有一个 else, 而且须放在最后, 可以有多个 elseif. 仅当之前的所有判断条件不成立, 而某个条件成立时, 才执行相应的执行语句, 并且执行后就退出整个 if 语句. 例如, 分段函数

$$f(x)=\begin{cases} x^2, & |x|\leqslant2, \\ 4(x-1), & x>2, \\ -4(x+1), & x<-2. \end{cases}$$

可以如下实现:

---

**实验 5.5: 实现分段函数**

你可以把下面的脚本保存为文件 test1. m, 然后在命令行运行 test1(1)或者把 1 改成其他值:

```
x= input('enter the value of x: ');
if x> 2,
    y= 4* (x- 1);
elseif x> = - 2,
    y= x^2;
else
    y= - 4* (x+ 1);
end
    y
```

---

注意: if 和 end 必须成对出现使用.

---

**实验 5.6: 鉴别身份证**

判别一个 18 位身份证号码是否为真实号码的方法如下. 前面 17 位按照权重 7, 9, 10, 5, 8, 4, 2, 1, 6, 3, 7, 9, 10, 5, 8, 4, 2 相乘后相加, 除以 11 得到余数. 若余数为 0, 1, …, 10, 则对应的第 18 位应为 1, 0, X, 9, 8, 7, 6, 5, 4, 3, 2, 如若不是, 则为假身份证号.

```
% id. m
function id(s)
  d= s(1:17)- '0';
  c= [7 9 10 5 8 4 2];
  c= [c 1 6 3 c];
  j= mod(sum(c.* d), 11);
  str= '10X98765432';
```

```
if str(j+ 1)= = s(18),
fprintf('True');
else
    error('Fake ID');
end
```

可以输入自己的身份证号码验证. 调用格式为 id('11010119991001 * * * *').

## 实验 5.7: 成绩转换

下面的这段程序把输入的百分制的 x 转化为五分制的 s, s 取值为 A, B, C, D, F:

```
% score. m
x= input('enter the value of x:');
if x> = 90,
    s= 'A';
elseif x> = 80,
    s= 'B';
elseif x> = 70,
    s= 'C';
elseif x> = 60,
    s= 'D';
else
    s= 'F';
end
```

## 实验 5.8: 判别闰年

下面的例子判别一个年份是否为闰年. 一个年份是闰年, 当且仅当年份数能被 400 整除, 或者能被 4 整除但不能被 100 整除:

```
% leapyear. m
    y= input('enter a year:');
if mod(y, 400)= = 0,
    fprintf('year % d is a leap year. \n', y);
elseif mod(y, 100)= = 0,
    fprintf('year % d is not a leap year. \n', y);
elseif mod(y, 4)= = 0,
    fprintf('year % d is a leap year. \n', y);
else
    fprintf('year % d is not a leap year. \n', y);
end
```

（2）开关结构

MATLAB 中，开关结构是由 switch 分支选择语句实现的，这种语句是多分支选择语句. 虽然有时可以被 if 语句通过多层嵌套来完成，但 if 语句没有它显得简单明了. 它的基本结构为

格式：switch 开关表达式
　　case 匹配表达式 1
　　　　执行语句 1
　　case 匹配表达式 2
　　　　执行语句 2
　　……
　　otherwise　%无需匹配表达式
　　　执行语句 n
　　end

其中，开关语句的关键是对开关表达式的值的判断. 当开关表达式的值和某个 case 语句后面的匹配表达式匹配时，程序将转移到该组语句中执行，执行完成后程序转出开关体继续向下执行. 若不与任何 case 中的表达式匹配，则执行 otherwise 的部分. 若 case 中的匹配表达式有多个，可以用花括号括起来. 例如

**实验 5.9：输出每月天数**

下面的例子输入月份，输出该月份的天数(假定不是闰年).

```
% nday.m
m= input('enter a month(1- - 12):');
switch m,
  case {1, 3, 5, 7, 8, 10, 12}
    nday= 31;
  case {2, 4, 6, 9, 11}
    nday= 30;
  other wise
    nday= 28;
end
```

（3）FOR 循环语句

循环结构可以由 for 或者 while 语句引导，用 end 语句结束. 在这两个语句间的部分称为循环体. for 循环语句的具体用法为

格式：for 循环变量＝循环值，

> 循环结构体，
>
> end

在 for 循环结构中，循环值通常为一个向量，循环变量每次从循环值中取一个值，执行一次循环体的内容，如此下去，直至执行完循环值中的所有值结束循环体的执行.

例如，FOR 循环语句计算出 1 到 100 的和：

---

**实验 5.10：计算 1 到 100 的和**

计算 1 到 100 的和

```
s= 0;
for k= 1:100
    s= s+ k;
end
s
```

---

注意：别忘了最前面的初始化 s＝0. 又如，FOR 循环语句计算 π 的近似值

---

**实验 5.11：计算 π 的近似值**

程序如下. 该程序利用下面的恒等式求出 π 的近似值：

$$\frac{\pi^2}{6} = 1 + \frac{1}{2^2} + \frac{1}{3^2} + \frac{1}{4^2} + \cdots.$$

```
s= 0;
for k= 1:1000,
    s= s+ 1/k^2;
end
s= sqrt(6* s);
```

---

FOR 循环语句的循环值也可以是字符串或者矩阵，这时候循环变量依次取各个字符或者矩阵的各个列向量. 例如

---

**实验 5.12：模仿打字机**

下面程序实现打字机的功能：

```
% typewriter.m
s= input('Please copy my words in the display. ', 's');'
for k= s,
    fprintf('% c', k);
    pause(0.3);
end
fprintf('\n');
```

---

其中，input 中的's'选项使得你在输入字符串的时候不必写引号. pause 暂停一定的秒数，不带任何参数的 pause 命令则需要你键入任何字符才继续往下执行，或者，你可以直接按 Ctrl＋C 退出(按住 Ctrl 键，再按 C).

(4) WHILE 循环语句

可以看出，FOR 循环语句的执行次数是一定的，直接从循环值可以推断出来. 实现一个循环次数不定的结构，可以使用 WHILE 语句. 它的一般结构为

格式：while(条件式),

　　　　循环结构体,

　　end

在 while 循环结构中，条件式是一个逻辑表达式，若其值为真(非零)，则反复自动执行循环结构体，每次重新判定条件式的真假，直至条件式为假才跳出循环. 因此，若在条件式中写一个恒真的条件，如 1，或者写一个和循环结构体中任意变量无关的条件，程序可能永远都不能停止，这种情况称为死循环. 可以按 Ctrl＋C 终止程序，退出循环.

WHILE 循环语句计算 $\pi$ 的近似值

**实验 5.13: 计算 $\pi$ 的近似值**

程序为

```
% pi1.m
s= 0;
k= 1;
while sqrt(6)/k> = 1e- 6,
    s= s+ 1/k^2;
    k= k+ 1;
end
s= sqrt(6* s);
```

如果不小心把 k＝k＋1 写成了 i＝i＋1，或者忘了写，则这个循环永远也停不下来(可以按 Ctrl＋C 强行停止).

循环结构体中的语句一般用；结束，可以防止中间结果的反复输出，循环语句在 MATLAB 语言中可以嵌套使用. 另外，在循环语句中如果使用 break 语句，则可以结束包含它的最内一层的循环结构.

在 MATLAB 实际编程时，如果能对整个矩阵进行运算，尽量使用 MATLAB 自带函数或者向量运算，而不要采用循环结构，这样可以提高代码的效率. 譬如，在上例中，可直接使用命令 sum(1:100) 或者 sqrt(6* sum(1. /(1:

100).^2))进行求解.

### 5.3.3　脚本文件和函数文件

sin, sum 都是 MATLAB 内嵌的库函数,可以反复调用,十分方便. 用户在实际工作中,往往需要编制自己的函数,一是可以明确参数传递的方式,二是避免相同功能部分的程序的反复调用.

建立函数文件的方法如下:

格式:function [y1, y2]= myfun(x1, x2)

这里,myfun 是函数名,必须和文件名保持一致. 文件命名的方式同变量一样:即为字母开头的字符串,由字母数字和下划线组成,并且区分大小写. 运行时,输入函数名和参数. x1, x2 是输入变量列表,以逗号隔开,若没有任何输入参数,可以不写圆括号;y1, y2 是输出变量列表,也以逗号隔开,若没有任何输入参数,可以不写方括号及等号.

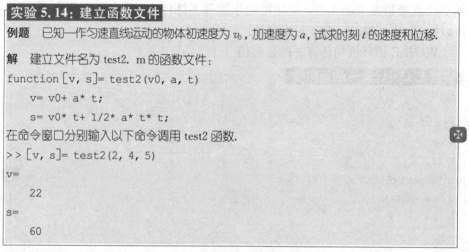

**实验 5.14：建立函数文件**

**例题**　已知一作匀速直线运动的物体初速度为 $v_0$,加速度为 $a$,试求时刻 $t$ 的速度和位移.

**解**　建立文件名为 test2. m 的函数文件:
```
function [v, s]= test2(v0, a, t)
    v= v0+ a* t;
    s= v0* t+ 1/2* a* t* t;
```
在命令窗口分别输入以下命令调用 test2 函数.
```
>> [v, s]= test2(2, 4, 5)
v=

    22

s=

    60
```

注意到,计算机编程上的函数概念和数学上的函数概念并不一致:这里可以有多个输入,也可以没有输入;可以多个输出,也可以没有输出. 以后还能看到输入一样时,输出未必是完全相同的. 如果在命令行上写 v=test2(2, 4, 5)只会得到 v 的值,如果写 test2(2, 4, 5)只会得到 ans 的值为 22,这时 v, s 都没有值.

上述文件可以以 edit 命令打开,编辑后保存;也可以直接用 edit test2. m 打开编辑保存;当然,也可以在按钮上按空白文件按钮打开文件. 这样,这个函数文件就可以反复使用. 注意:文件存放的地址(路径)应该和 MATLAB 显示的当前路径一致,否则 MATLAB 会提示没有这个函数.

　　自己编写的函数实际上和 MATLAB 的内置函数是没有区别的. 把 test2.m 添加两行变成

```
function [v, s]= test2(v0, a, t)
% This is my first function
% Usage: [v, s]= test2(v0, a, t)
  v= v0+ a* t;
  s= v0* t+ 1/2* a* t* t;
```

　　在命令行上执行 help test2，可以看到该函数文件的帮助. 当然，若忘记编写的这个文件是什么功能，也可以用 type test2.m 看看能不能想起来.

　　如果建立的是简单的函数，可以在命令行上直接书写，例如

**实验 5.15：建立内联函数**

建立两个内联函数

```
>> ff = inline('x^4+ 2* x+ 4');
>> fv = inline('v0+ a* t', 'v0', 'a', 't');
>> v= fv(2, 4, 5)
v=
    22
```

其中第二个和之前的 test2 从数学上讲是一样的，当然它只能计算 v 的值. 当内联函数仅有一个变量时，不必指明该变量.

　　MATLAB 提供了一种把函数当成可变参数的方法，该功能可以用命令 feval 来实现：

**实验 5.16：函数的不同调用方式**

先输入一个角度值，求它的某个三角函数值，至于求哪个三个函数，可以等待用户输入.

```
>> theta= input('degree:              ');
>> t= theta/180* pi;        % 转化为弧度
>> f= input('choose a triangular function(sin/cos/tan/cot/sec/csc)', 's');
>> x= feval(f, t);
>> fprintf('% s(% f^o)= % f\n', f, theta, x);
```

保存为 test3.m，在命令行运行 test3，有

```
degree:              60
choose a triangular function(sin/cos/tan/cot/sec/csc)cos
cos(60.000000^o)= 0.500000
```

可以直接使用 feval('sin', pi/6) 来计算 $\sin\dfrac{\pi}{6}$ 的值. 因此, feval 第一个变量的值是一个函数的名字, 即字符串, 不是函数本身(最新版本的 MATLAB 有函数 sind, cosd 等可以使用).

内联函数可以用函数本身来被 feval 调用:

```
>> fun= inline('x^4+ 2* x+ 4');
>> y= feval(fun, 3)
```

如果想计算多项式 $x^4+2x+4$ 在 1, 2, …, 10 各点处的值, 可以如下实现:

```
>> fun= inline('x. ^4+ 2* x+ 4');
>> y= feval(fun, 1:10)
```

## 5.4　练习题

1. 在命令窗口中输入

   a=1:5; b=3:7; t1=(a−2>3); t2=(a>3)−b; t3=~t1−2;
   t4=(a>1)&(b<6);

   t1, t2, t3, t4 的值是什么? 从中体会算术运算符, 比较运算符、逻辑运算符的优先等级和计算先后次序.

2. 已知 Fibonacci 数列由式 $F_{k+1}=F_k+F_{k-1}(k=2, 3, \cdots)$ 生成, 其中 $F_1=F_2=1$, 试编写一个函数, 输入 $n$, 输出 Fibonacci 数列的第 $n$ 项 $F_n$.

3. 编制一个函数文件, 统计一个字符串中单词的个数.

4. 编制一个程序, 实现公斤、盎司和克拉之间的换算. 已知 1 公斤＝1 000 克, 1 盎司＝28.349 5 克, 1 克拉＝0.2 克.

5. 输入年份及月份, 输出这个月的天数.

6. 计算某一天是星期几有如下的 Zeller 公式:

$$w=\left(\left[\frac{C}{4}\right]-2C+Y+\left[\frac{Y}{4}\right]+\left[13\frac{M+1}{5}\right]+D-1\right)\bmod 7,$$

其中, []表示取整, mod 是取余数运算. 该余数若是 0, 则当天是星期天, 否则余数是几便是星期几. $C, Y, M, D$ 分别代表世纪, 年份(后两位), 月份, 日期. 按照输入为 yyyy, mm, dd(年月日)的格式, 计算某天是星期几.

7. 假设有一个个人所得税税制如下: 月收入 1 500 元以下的, 征收 3% 的税额; 月收入 4 500 元以下的, 超过 1 500 元的部分征收 10% 的税额; 月收入 9 000 元以下的, 超过 4 500 元的部分征收 20% 的税额; 月收入 35 000 元以下的,超过 9 000 元的部分征收 25％的税额；月收入 55 000 元以下的，超过35 000 元的部分征收 30％的税额；月收入 80 000 元以下的，超过 55 000 元的部分征收 35％的税额；月收入 80 000 元以上的，超过 80 000 元的部分征收 45％的税额．输入月收入，输出应缴的个人所得税额．

# 第6章 算 法 入 门

## 6.1 实验导读

本章将介绍程序设计的结构化设计方法. 这一部分内容在各种不同的编程语言上可能都需要，写一个正确程序并不容易，把程序写得高效并且可读性也比较好，那就更加需要多练习. 程序调试本身也是一项本领，尤其是在逻辑比较复杂的时候，更需要你的细心和耐心.

## 6.2 实验目的

1. 学会程序设计的结构化编程方法；
2. 学会使用 MATLAB 的编程调试工具；
3. 学会检查自己程序的正确性，初步学会判定自己程序的效率.

## 6.3 实验内容

### 6.3.1 简单程序编写

1. 程序演示

**实验 6.1：时钟**

在命令窗口中显示一个"时钟".

```
% clock1.m
A= repmat('', 9, 9);
B= A;
A(1: 10: 41)= ', oOO@ ';
B(1: 5, 5)= ', oOO@ ';
for k= 0: 20,
    home; disp(rot90(A, - k)); pause(0.5);
    home; disp(rot90(B, - k)); pause(0.5);
end
```

2. 程序演示

**实验 6.2：简单九九乘法表**

下面的程序实现一个九九乘法表.

```
% table99.m
for i= 1:9,
  for j= 1:9,
    fprintf('% d* % d= % 2d', i, j, i* j);
  end
  fprintf('\n');
end
```

如果想要一个只有一半的乘法口诀表，可以如下实现：

**实验 6.3：一半格式的九九乘法表**

下面的程序实现一半格式的乘法口诀表

```
% table99b.m
for i= 1:9,
  fprintf(blanks((i- 1)* 8));
  for j= i:9,
    fprintf('% d* % d= % 02d', i, j, i* j);
  end
  fprintf('\n');
end
```

**注意** 新程序中的 for j 的循环指标是从 i 开始的. blank 命令产生一定量的空格.

### 6.3.2 嵌套结构

MATLAB 的分支、循环结构中包含的执行语句本身也可以是多个语句组成的语句块，更常见的是由其他的分支或循环结构组成的更大的语句块. 称之为嵌套. 一般地，一个程序的编写难度和程序长度相关，然而嵌套的层数会更加决定一个程序编写的难度.

1. $3x+1$ 猜想

$3x+1$ 猜想，也称 Collatz 猜想，是一个很有名的猜想：从一个正整数开始，奇数就乘 3 加 1，偶数就除以 2，反复操作，最终总能得到 1. 输入 $n$，验证从它之内的所有正整数开始，该猜想都是正确的.

---

**实验 6.4: 3x＋1 猜想**

下面的程序实现了 Collatz 猜想

```
% collatz. m
n= input('enter an integer: ');
for k= 2:n,
  fprintf('% d', k);
z= k;
while z~ = 1,
  if mod(z, 2)= = 1,
    z= z* 3+ 1;
  else
    z= z/2;
  end
    fprintf('% d', z);
  end
  fprintf('\n');
end
```

---

**2. 质数序列**

质数序列是一个看起来很没有规律的数列. 你能找出 1 000 之内的所有质数么?

一个质数, 就是不能被除 1 和它本身之外的其他正整数整除的数, 如 2, 3, 5, 7, 11 是最开始的几个质数, 也称素数. 通常, 不认为 1 是质数. 因此, 求 $n$ 之内的质数可以有如下的方法:

对于 2, 3, $\cdots$, $n$ 的每一个数 $k$,

如果 $k$ 不能被 2, 3, $\cdots$, $k-1$ 的任何一个整除, 那么 $k$ 是质数

实际上, $k$ 若有因子 $a$, 也一定同时又因子 $k/a$, 这两个至少有一个不大于 $\sqrt{k}$. 因此, 上面算法中的循环终止时的值 $k$ 可以改成 $\sqrt{k}$. 怎样判断 $k$ 有至少一个位于 2 到 $\sqrt{k}$ 的因子呢? 可以先设立一个指标 flag＝0, 表示没找到这种因子; 对位于 2 到 $\sqrt{k}$ 的可能的因子进行排查, 一旦找到一个, 就把 flag 改成 1. 这样, flag 的值是 1 或者 0, 就表示 $k$ 有或者没有位于 2 到 $\sqrt{k}$ 的因子.

对于 2, 3, $\cdots$, $n$ 的每一个数 $k$,

flag＝0;

对 2, 3, $\cdots$, 根号 $k$ 的每一个数 $j$,

如果 $k$ 能被 $j$ 整除, 那么 flag＝1;

如果上述循环结束了, flag＝0,

则 $k$ 没有位于 2 到根号 $k$ 的因子, $k$ 是质数

该算法可以实现为

**实验 6.5：寻找质数**

寻找质数

```
function p= myprimes1(n)
p= [];          % 搜集找到的质数, 开始设为空
for k= 2:n,
  flag= 0;
  for j= 2:sqrt(k),
    if mod(k, j)= = 0,
      flag= 1;
    end
  end
  if flag= = 0,
    p= [p k];
  end
end
```

可以在命令行上运行 myprimes1(1000) 查看 1 000 之内的所有质数. 事实上, 一个数是质数, 只要它不能被已经找到的比它小的质数整除就足够了. 因此, 程序可以改成为

**实验 6.6：寻找质数 (改进版)**

寻找质数

```
function p= myprimes2(n)
p= [2];         % 收集找到的质数, 开始只有一个 2
for k= 3:n,
  flag= 0;
  for j= p(p< = sqrt(k)),
    if mod(k, j)= = 0,
      flag= 1;
    end
  end
  if flag= = 0,
```

```
    p= [p k];
  end
end
```

MATLAB 也提供了计算质数的内部程序 primes(n)，同时可以用 isprime(n)直接判定一个正整数是否为质数.

3. 排序

排序是一个很基本的算法问题. 经常要把一些杂乱的数按照从小到大的顺序排好. 冒泡排序是一个基本的排序方法.

把 $n$ 个数想象成竖着排放，从上到下依次检查相邻的两个数，如果上面大下面小，那就对调这两个数. 这样一轮调完了后，最大的数一定在最下面(为什么?). 接下来，再次从上到下依次检查相邻的两个数，但是只比较除最后一个数之外的数，这样这一轮调完之后，第二大的数就在倒数第二的位置上了. 循环对调 $n-1$ 轮，第 $n-1$ 大的数，即第二小的数就会在倒数第 $n-1$ 个数，即第 2 个数的位置上. 当然，最小的数也就在第 1 个位置上了.

**实验 6.7：冒泡排序法**

冒泡排序法

```
function x= bubble(x)
  n= length(x);
  for k= 1: n- 1,
    for j= 1: n- k,
      if x(j)> x(j+ 1),
        tmp= x(j);
        x(j)= x(j+ 1);
        x(j+ 1)= tmp;
      end
    end
  end
```

在命令行上运行，有

```
>> bubble([3 4 7 2 8 1 0 5 6])
  ans=
  0 1 2 3 4 5 6 7 8
```

MATLAB 提供了自己的排序程序 sort，可以尝试 sort([3 4 7 2 8 1 0 5 6]). 以 tmp 开始的三行是一种经典的写法，用来交换两个变量.

4. 牛顿法求根

怎样计算一个数开根号？牛顿法是一个很有效的方法. 比如，给定正数 $a$，计算 $\sqrt{a}$ 可以有如下的迭代公式

$$x_{n+1} = \frac{1}{2}\left(x_n + \frac{a}{x_n}\right).$$

如果 $x_n$ 是 $\sqrt{a}$ 的一个近似值，那么 $x_{n+1}$ 是一个更好的近似值. 可以从任意一个近似值开始，哪怕它没什么精度，如 $\frac{a}{2}$.

**实验 6.8：牛顿法开根号**

实现牛顿法开根号.

```
function xn= newton(a)
%  compute the square root of positive a
 ep= 1e- 12;
 done= 0;
 xo= a/2;
 while~ done,
   xn= 1/2* (xo+ a/xo);
   if abs(xn- xo)< = ep,
     done= 1;
   else
     xo= xn;
   end
 end
```

在命令行上运行

```
>> format long g
>> newton(2)
ans=
   1.41421356237309
>> sqrt(2)
ans=
   1.4142135623731
```

一般地，迭代算法大都具有这样的标准格式. 不必把计算过程中的每个数保存下来，可以采用上述程序中的 xo, xn 的写法来实现新旧变量的更替.

5. 螺旋矩阵

MATLAB 能够直接用命令 spiral 产生下面的螺旋矩阵，比如 $n=5$ 时，

$$\begin{pmatrix} 21 & 22 & 23 & 24 & 25 \\ 20 & 7 & 8 & 9 & 10 \\ 19 & 6 & 1 & 2 & 11 \\ 18 & 5 & 4 & 3 & 12 \\ 17 & 16 & 15 & 14 & 13 \end{pmatrix}$$

可以用如下的递归程序来实现. 所谓递归，就是在描述算法或程序的中间，直接或者间接地用到了该算法的本身. 例如，下面的程序实现了 Fibonacci 数列，即数列 $F_n$ 满足 $F_1=F_2=1$, $F_n=F_{n-1}+F_{n-2}$：

```
function f= fib(n)
  if n= = 1|n= = 2,
    f= 1;
  else
    f= fib(n- 1)+ fib(n- 2);
  end
```

可以看到，fib 函数调用了自己，这个写法和数学上的公式非常类似. 例如，要计算 $F_4$，须得计算 $F_3$ 和 $F_2$，而要计算 $F_3$，又得计算 $F_2$ 和 $F_1$. 当输入的变量(或者数学上的下标)等于 1 或者 2 时，就不必调用自己了，数学上也就是不需要递推公式了. 注意：若计算 fib(3.5)会陷入死循环(为什么?).

### 实验 6.9: 螺旋矩阵

对于螺旋矩阵问题，注意到 $n$ 阶的螺旋矩阵总是在 $n-1$ 阶的基础上加上两条边得到的，$n$ 是奇数时两条边加在左上方，$n$ 是偶数时加在右下方. 因此就有下面的递归程序：

```
function A= spiral2(n)
  if n= = 1,
    A= 1;
  elseif mod(n, 2)= = 1,
    A= spiral2(n- 1);
    A= [n^2- n+ 1: n^2;
        [n^2- n: - 1: n^2- 2* n+ 2]'A];
  else
    A= spiral2(n- 1);
    A= [A[(n- 1)^2+ 1: n^2- n]'
```

```
    n^2: - 1: n^2- n+ 1];
  end
```

6. 归并排序

　　如果知道班级里所有男同学的高矮顺序，也知道所有女同学的高矮顺序，如何排出全班同学的高矮顺序？当然，男女同学各自最高的那两位同学比较，较高的那位同学一定是全班最高的. 把他（或她）排好后，这两个（男、女同学的）队列中一定恰好有一个队列有一人不需要排了. 两个队列剩余同学中最高的同学，一定是全班第二高个的同学，这样，又有某个队列少了一名同学. 依次排列下去，直到某个队列中所有同学排完，另一队列中的所有同学可以按照原来的次序直接排放在全班队列的最后.

　　那么怎么得到男同学（或者女同学）的高矮顺序呢？把他们（或者她们）分成两组，假定每一组都排好了高矮顺序，可以用刚才的算法排序. 这个过程可以不停地分下去，直到每个小组人数是 1 人或者 2 人：1 人就不需要排了，2 人时最多只要对调一下.

**实验 6.10：归并排序**

实现归并排序方法. 这里的排序是从小到大.

```
function x= merge(x)
  n= length(x);
if n> 2,
    k= floor(n/2);
    x1= merge(x(1: k));
    x2= merge(x(k+ 1: n));
    i= 1;
    i1= 1;
    i2= 1;
    while i1< = k&i2< = n- k,
      if x1(i1)< = x2(i2),
        x(i)= x1(i1);
        i1= i1+ 1;
      else
        x(i)= x2(i2);
        i2= i2+ 1;
      end
    i= i+ 1;
```

```
   end
if i1= = k+ 1,
    x(i:n)= x2(i2:n- k);
elseif i2= = n- k+ 1,
    x(i:n)= x1(i1:k);
  end
elseif n= = 2,
    if x(1)> x(2),
    x= x([21]);
    end
else % n= 1
    % do nothing
end
```

该程序运行如下：

```
>> x= floor(rand(1, 11)* 200)
x=
    90  109  59  148  37  137  36  73  125  156  16
>> merge(x)
ans=
    16  36  37  59  73  90  109  125  137  148  156
```

### 7. Farey 级数

$n$ 级 Farey 级数是指，把值在 $[0，1]$ 之间的所有分母不超过 $n$ 的既约分数从小到大排列形成的分数数列. 2 级 Farey 序列就是 $\dfrac{0}{1}，\dfrac{1}{2}，\dfrac{1}{1}$. 而 5 级 Farey 序列是

$$\frac{0}{1}，\frac{1}{5}，\frac{1}{4}，\frac{1}{3}，\frac{2}{5}，\frac{1}{2}，\frac{3}{5}，\frac{2}{3}，\frac{3}{4}，\frac{4}{5}，\frac{1}{1}.$$

对于 Farey 级数中的任意相邻三项 $p/q，p'/q'，p''/q''$，都有

$$|pq'-p'q|=1 \quad 和 \quad \frac{p+p''}{q+q''}=\frac{p'}{q'}.$$

因此，想要产生 $n$ 级 Farey 级数可以使用如下的方法：先产生 $n-1$ 级的 Farey 级数，查看这个级数中有多少个相邻项分母之和等于 $n$，把这些相邻项，分子加分子，分母加分母(奇怪的分数加法当然等于 $n$，得到的新分数就是 $n$ 级 Farey 级数比 $n-1$ 级的 Farey 级数多出来的项. 所以，6 级 Farey 级数就是

$$\frac{0}{1}, \frac{1}{6}, \frac{1}{5}, \frac{1}{4}, \frac{1}{3}, \frac{2}{5}, \frac{1}{2}, \frac{3}{5}, \frac{2}{3}, \frac{3}{4}, \frac{4}{5}, \frac{5}{6}, \frac{1}{1}.$$

因为，5 级 Farey 级数中仅有最开始的两项和最后面的两项其分母之和等于 6.

既然要保存分子分母，留待更高级的 Farey 级数使用，函数就保留每一级的 Farey 级数的分子序列和分母序列.

**实验 6.11：Farey 级数**

产生 $n$ 级 Farey 级数.

```
function [p, q]= farey(n)
  if n> 1,
    [p, q]= farey(n- 1);
    ind= find(q(1:end- 1)+ q(2:end)= = n);
    for k= ind(end:- 1:1),
      q= [q(1:k)  n  q(k+ 1:end)];
      p= [p(1:k)p(k)+ p(k+ 1)p(k+ 1:end)];
    end
  elseif n= = 1,
    p= [0, 1];
    q= [1, 1];
  end
```

运行如下：

```
>> [p, q]= farey(6)
p=
  0 1 1 1 1 2 1 3 2 3 4 5 1
q=
  1 6 5 4 3 5 2 5 3 4 5 6 1
```

想一想，为什么程序中第 5 行不是写 for k＝ind？你可以试试改成这样子，然后运行 [p, q]= farey(3).

## 6.4　练习题

1. 译密码. 为了使电文保密，按照一定的规律，转换成密码. 如把每个字母向后移 4 位，这样 A 变成 E，B 变成 F，循环一周，把 W 变成 A，X 变成 B，Z 变成 D. 输入一行字符，把其中的字母按照上面的规律转换，非字母的字符不变，如 ♯China♯ 变成 ♯Glmre♯.

2. 输入年份、月份和日期，计算该日是当年的第几天.

3. 输入正整数 $n$，输出 $\dfrac{1}{n}$ 的小数形式，循环节用括号括起，例如输入 12，输出

   $1/12=0.08(3)$，表示 $\dfrac{1}{12}=0.083333\cdots$.

4. 输入一个方阵，把所有数按照逆时针方向移动到下一个位子.

   例如，矩阵 $\begin{bmatrix} 1 & 2 & 3 \\ 4 & 5 & 6 \\ 7 & 8 & 9 \end{bmatrix}$ 变成 $\begin{bmatrix} 2 & 3 & 6 \\ 1 & 5 & 9 \\ 4 & 7 & 8 \end{bmatrix}$，

   而矩阵 $\begin{bmatrix} 1 & 2 & 3 & 4 \\ 5 & 6 & 7 & 8 \\ 9 & 10 & 11 & 12 \\ 13 & 14 & 15 & 16 \end{bmatrix}$ 变成 $\begin{bmatrix} 2 & 3 & 4 & 8 \\ 1 & 7 & 11 & 12 \\ 5 & 6 & 10 & 16 \\ 9 & 13 & 14 & 15 \end{bmatrix}$.

5. 输入 $n$，输出矩阵 $\boldsymbol{A}^{-1}$ 的 $(1,1)$ 元素，其中 $\boldsymbol{A}$ 的对角线全为 4，次对角线元素全为 $-1$，即所有 $(i,i+1)$ 和 $(i+1,i)$ 位置的元素为 $-1$，其余元素全为零.

6. 一个数称为 Kapreka 数，如果把这个数分成两半，相加后平方得到原数. 例如，3025 是一个 Kapreka 数，因为 $(30+25)^2=3025$. 寻找 $10^8$ 之内的 Kapreka 数.

7. 计算两个正整数的最大公约数有如下的辗转相除法. 假设两数为 $a,b$，若 $a$ 除以 $b$ 的余数为 $c$，则 $a,b$ 的最大公约数和 $b,c$ 的最大公约数相等. 反复实行这个过程，直到某次余数为零，此时较小的数就是最初时 $a,b$ 的最大公约数. 试用 while 循环或递归算法实现辗转相除法，并与 MATLAB 内置的 gcd 相比较.

8. 一个数称为回文数，如果它从两边读都是一样的，如 1221，88 和 737. 输入 $n$，找到不大于 $n$ 的所有回文数.

# 第7章 巧用随机数

　　自出现赌博以来，随机数的使用历史已经有数千年. 无论是抛硬币还是摇骰子，还是抽取扑克牌，目的是让随机概率决定结果. 计算机中的随机数生成器的目的也是如此，它希望用户不能预测所产生的数字.

　　不管你是在微信中抢红包，还是在玩最酷的电脑游戏，计算机都会产生随机数. 目前有两类随机数——"真"随机数和伪随机数. 它们的区别关乎加密系统的安全程度.

　　因为各种风险，许多人怀疑计算机芯片内置的随机数生成算法是不是可靠. 要明白为什么这种随机数可能不太可靠，就必须理解随机数的生成原理.

## 7.2 实验目的

　　1. 了解伪随机数及其产生方法；

　　2. 熟悉常见分布伪随机数常用命令；

　　3. 熟悉利用伪随机数进行矩阵的创建、运算以及矩阵操作.

## 7.3 实验内容

### 7.3.1 随机数的生成原理

　　加密法要求数字不能被攻击者猜到，所以不能多次使用同样的数字，这样需要一种机制产生攻击者无法预测的数字，该机制是加密法的重要组成部分，无论你是加密文件还是访问 https 协议网站，都需要用到随机数.

　　伪随机数这个概念是相对于"真"随机数而言. 计算机通过随机数种子，运用某个算法产生一些看起来像随机数的数字，但是实际上这个数字是可以预测的，或者是可以计算的. 因为计算机没有办法从环境中或者其他途径收集到像摇骰子或抛硬币之类的任何随机信息.

　　计算机产生的随机数虽然是伪随机的，但是它有很重要的用途. 比如玩电子游戏时, 伪随机数给随机产生一些干扰因素, 使得游戏有一定的不可预测性, 从而更好玩. 另一方面, 如果你正在处理你的银行账号, 情况就严重了, 因为你不希望隐匿的攻击者能够猜到你的随机数.

伪随机数是确定的, 一般来讲, 算法的优劣就在于产生伪随机数序列的重复的长度. 算法产生的伪随机数一般都有这样的特点, 若第 $n$ 个数与第 $k$ 个数相同, 其中 $k<n$, 则第 $n+1$ 个数会与第 $k+1$ 个数相同, 该算法会一直重复产生第 $k$ 到 $n-1$ 这些数. 这个重复序列的长度越长, 随机性就越好.

MATLAB 可以用命令 rand 产生自己的随机数, 它是怎样生成的呢?

一个常用的, 较为简单的产生随机数的方法称为平方取中法. 假设需要产生 $[0, 1]$ 区间上的精度为 0.0001 的随机小数, 可以从 10 000 以内随机挑出的一个正整数(称为种子)开始, 例如 4 713, 记为 $x_1$. 则有 $4\,713^2=22\,212\,369$, 因此第 2 个数为 $x_2=2\,123$, 即去掉前面和后面的两个数字. 按照这个方法, 可以得到 $\{x_k\}$ 序列为

> 4 713, 2 123, 5 071, 7 150, 1 225, 5 006, 600, 3 600, 9 600,
> 1 600, 5 600, 3 600, ⋯

因此需要的 $[0, 1]$ 区间上的精度为 0.0001 的随机小数就是上面的这些整数除以 10 000. 但是该算法会不停地产生 3 600, 9 600, 1 600, 5 600 这些数字, 或者最终的 0.36, 0.96, 0.16, 0.56, 重复的长度只是 4, 并且只计算了 8 个数即陷入该循环, 即总共只产生了 12 个不相同的数. 该方法并不可靠, 至少不稳定. 以随机种子 7 098 作为开始的伪随机数就要好得多, 读者可以尝试其他的情况.

---

**实验 7.1: 平方取中法**

下面的程序实现了平方取中法, 该方法中要求 s 是一个偶数.

```
function x= rand1(x0, s)
  if nargin< 2, s= 4; end
  x(1)= x0;
  k= 1;
  done= 0;
  while ~ done,
    k= k+ 1;
    x(k)= floor(x(k- 1)^2/10^(s/2));
    x(k)= mod(x(k), 10^s);
    if any(x(k)== x(1: k- 1)),
      done= 1;
    end
```

```
end
x= x/10^s;
```

可以尝试不同的初始值 x0,它非常严重地影响了产生的随机数序列的质量. nargin 是一个内部变量,给出调用该函数时的输入参数的个数. 因此,在这里,如果输入 x0,但没有输入 s,nargin 的值为 1,第二行的判断成立,s 的值为 4,它就是变量 s 的缺省值.

假设要产生精度为 $10^{-s}$ 的小数(刚才的例子 $s=4$),那么 $x_k$ 的迭代公式为

$$x_{k+1}=\text{mod}([x_k^2/10^{s/2}], 10^s),$$

其中,mod 是取余函数. 对于平方取中法的一个简单的改进是把迭代公式改成

$$x_{k+1}=\text{mod}([x_k x_{k-1}/10^{s/2}], 10^s), \tag{7.1}$$

当然,这时候需要两个数作为随机种子.

另外一种简单的变形,是采用 Fibonacci 数列. Fibonacci 数列 $\{F_n\}$ 定义如下:$F_1=F_2=1$,$F_{n+1}=F_n+F_{n-1}$,因此这个数列的前面几项是 1,1,2,3,5,8,13,21,…. 用该数列产生 $[0, m-1]$ 中的随机整数的公式为 $x_k=\text{mod}(F_k, m)$. 想要得到[0,1]中的随机数只需要把这些得到的数除以 $m$ 就可以了(看起来,这个数列比较有规律. 你有办法改造它吗?).

一个得到较高质量的随机数的方法是线性同余法,它的迭代公式为

$$x_{k+1}=\text{mod}(ax_k+b, m). \tag{7.2}$$

例如,当 $m=1\,000$ 时,$a=29$,$b=7$ 就是个不错的选择.

如果已经有了[0,1]区间上的随机数 $x_k$,通过变换 $u_k=a+(b-a)x_k$ 产生 [a, b]区间上的随机数 $u_k$.

### 7.3.2　MATLAB 中的随机数发生器

在 MATLAB 软件中,可以直接产生满足各种分布的随机数,命令如下:

> **实验 7.2:均匀分布的随机数**
>
> 当只知道一个随机变量取值在 $[a, b]$ 内,但不知道(也没理由假设)它在何处取值的概率大,在何处取值的概率小,就只好用区间上的均匀分布 $U(a, b)$ 来模拟它.
>
> 1. 产生 $m\times n$ 阶[a, b]均匀分布 $U(a, b)$ 的随机数矩阵: unifrnd(a, b, m, n)产生一个 [a, b]均匀分布的随机数 unifrnd(a, b);
>
> 2. 产生 $m\times n$ 阶离散均匀分布的随机数矩阵:
> ```
> R= unidrnd(N)
> R= unidrnd(N, m, n)
> ```

---

**实验 7.3：正态分布**

当研究对象视为大量相互独立的随机变量之和，且其中每一种变量对总和的影响都很小时，可以认为该对象服从正态分布.

1. 产生 $m \times n$ 阶均值为 $\mu$ (mu)，标准差为 $\sigma$ (sigma)的正态分布的随机数矩阵：

   ```
   normrnd(mu, sigma, m, n)
   ```

2. 产生均值为 $\mu$，标准差为 $\sigma$ 的正态分布随机数：

   ```
   normrnd(mu, sigma)
   ```

---

还有另外一种常见的随机分布称为指数分布. 排队服务系统中顾客到达间隔、电子系统中电子元件的寿命通常都服从指数分布. 例如，顾客到达某商店的间隔时间服从参数为 10(分钟)的指数分布(指数分布的均值为 10)，是指相继的两个顾客到达商店的平均间隔时间是 10 分钟，即平均 10 分钟到达 1 个顾客. 顾客到达的间隔时间可用 exprnd(10)模拟.

---

**实验 7.4：指数分布**

若连续型随机变量 $x$ 的概率密度函数为

$$f(x) = \begin{cases} \dfrac{1}{\theta} \mathrm{e}^{-\frac{x}{\theta}}, & x \geqslant 0, \\ 0, & x < 0. \end{cases} \tag{7.3}$$

其中 $\theta > 0$ 为常数，则称 $x$ 服从参数为 $\theta$ 的指数分布. 产生 $m \times n$ 阶期望值为 $\theta$ (theta)的指数分布的随机数矩阵：

```
exprnd(theta, m, n)
```

---

泊松分布在排队系统、产品检验、天文、物理等领域有广泛应用.

---

**实验 7.5：泊松分布**

设离散型随机变量 $x$ 的所有可能取值为 $0, 1, 2, \cdots$，且取各个值的概率为

$$P(X = k) = \frac{\lambda^k \mathrm{e}^{-\lambda}}{k!}, \quad k = 0, 1, 2, \cdots \tag{7.4}$$

其中 $\lambda > 0$ 为常数，则称 $x$ 服从期望值为 $\lambda$ 的泊松分布. 产生泊松分布随机数的命令是 poissrnd(lambda).

---

二项分布是一类常见的离散型概率分布. 做一次试验可产生两种结果 $a$，$b$，且各自发生的概率为 $p$ 和 $1 - p$. 则做 $n$ 次试验的结果($a$，$b$ 的个数分布)满足参数为 $n$，$p$ 的二项分布. 例如，掷一枚均匀硬币 $n$ 次，正面朝上的次数 $x$ 服从参数为 $n$，1/2 的二项分布，记为 $x \sim B(n, 1/2)$.

产生二项分布的基本命令：

1. 产生 1 个参数为 $n$, $p$ 的二项分布的随机数 binornd(n, p)；

2. 产生 $m1 \times m2$ 个参数为 $n$, $p$ 的二项分布的随机数 binornd(n, p, m1, m2).

表 7.1　产生几种常见分布随机数的 MATLAB 函数

| 均匀分布 $U(0, 1)$ | r= rand(m, n) |
|---|---|
| 均匀分布 $U(a, b)$ | r= unifrnd(a, b, m, n) |
| 指数分布 $\Gamma(1, \lambda)$ | r= exprnd(lambda, m, n) |
| 正态分布 $N(\mu, \sigma)$ | r= normrnd(mu, sigma, m, n) |
| 二项分布 $B(n, p)$ | r= binornd(n, p, m, n) |
| 泊松分布 $P(\lambda)$ | r= poissrnd(lambda, m, n) |

### 7.3.3　随机数的应用

1. 猜数游戏

还记得曾经玩过的猜数游戏吗？下面是一个简单的版本.

**实验 7.7：猜数游戏**

首先计算机生(xiang)成(hao)一个 1 到 100 之间的数，你有最多 7 次机会. 每次告诉计算机你猜的是多少，它则告诉你猜的数是大了还是小了. 如果每次玩这个游戏都能在 7 次之内猜中，那么你的策略是相当不错的.

```
function guess
  x= ceil(rand* 100);
  done= 0;
  k= 0;
  tic;
  while~ done,
    g= input('YOU GUESS: ');
    k= k+ 1;
    if g> x,
      fprintf('     TOO LARGE!! \n');
    elseif g< x,
      fprintf('     too small!! \n');
    else
      done= 1;
    end
```

```
end
fprintf('It costs you % 10d guess. \n', k);
fprintf('AND it costs % 10.2f seconds. \n', toc);
```
在这里加入了时间的因素，使得它更加考验你的策略.

事件的频率：在一组不变的条件下，重复作 $n$ 次试验，记 $m$ 是 $n$ 次试验中事件 $A$ 发生的次数，则频率 $f = m/n$.

### 实验 7.8：频率的稳定性

掷一枚均匀硬币 $n$ 次，记录掷硬币试验中正面朝上事件的频率 $p$ 的波动情况.

```
function coin(n, p)
  if nargin< 2, p= 0.5; end
  pro= zeros(1, n);
  r= binornd(1, p, 1, n);
  a= cumsum(r);
  pro= a. /(1: n);
  plot(pro);
输入 coin(0.5, 1000).
```

2. 钉板试验

### 实验 7.9：Galton 钉板试验

Galton 钉板实验是一个很好玩的概率试验(图 7.1). 在钉板上端放入一小球，任其自由下落，在下落过程中当小球碰到钉板上的钉子时，从左边落下与从右边落下的机会相等(或者有一个确定的概率). 碰到下一排钉子时又是如此，最后落入底板中的某一格子. 因此，任意放入一球，则此球落入哪一个格子，预先难以确定. 但是如果放入大量小球，则其最后所呈现的频数几乎总是相近的.

```
function galton(p, m, n)
% galton board
  if nargin< 3, n= 6;
    if nargin< 2, m= 1000;
      if nargin< 1, p= 0.5;
      end; end; end
ball= zeros(1, n+ 1);
X= tril([n:- 1:0]'* ones(1, n+ 1)/2+ ones(n+ 1, 1)* [0:n]);
Y= tril([n+ 2:- 1:2]'* ones(1, n+ 1));
Y(Y= = 0)= nan;
M= moviein(m);
k= 1:n+ 1;
```

```
for i= 1:m,
  l= cumsum([1 rand(1, n)< = p]);
  xp= X(k+ (l- 1)* (n+ 1));
  yp= Y(k+ (l- 1)* (n+ 1));
  plot(X(:), Y(:), 'o', X(n+ 1, :), Y(n+ 1, :), '- ', xp, yp, 'c- ');
  axis([- 2n+ 20n+ 3]);
  hold on;
  ball(l(n+ 1))= ball(l(n+ 1))+ 1;
  bar(0: n, 4* ball/m);
  axis([- 2n+ 20n+ 3]);
  title('Galton Board', 'fontsize', 16);
  set(gca, 'ytick', [], 'xtick', 0: n, 'xticklabel', ball);
  M(i)= getframe;
  hold off;
end
moviein(M, 1);
```

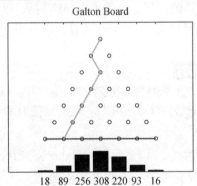

18　89　256　308　220　93　16

图 7.1　Galton 钉板实验

3. 几何概率

向任一可度量(长度、面积或者体积)区域 $G$ 内投一点,如果所投的点落在 $G$ 中任意可度量区域 $g$ 内的可能性与 $g$ 的度量成正比,而与 $g$ 的位置和形状无关,则称这个随机试验为几何型随机试验,概率值为 $P(A)=\dfrac{[A \text{ 的度量}]}{[S \text{ 的度量}]}$。

**实验 7.10：几何概型例子**

**例题**　两人约定于 12 点到 13 点在某地会面,先到者等 20 分钟后离去,试求两人能会面的概率?

**解**　设 $x, y$ 分别为甲、乙到达时刻(分钟),令 $A = \{$两人能会面$\} = \{(x, y) \mid |x-y| \leqslant$

$20, x \leqslant 60, y \leqslant 60\}, S = \{两人约定的可能\} = \{(x, y) \mid 0 \leqslant x \leqslant 60, 0 \leqslant y \leqslant 60\}$. 则

$$P(A) = \frac{A \text{ 的面积}}{S \text{ 的面积}} = \frac{60^2 - 40^2}{60^2} = \frac{5}{9} = 0.5556.$$

可以采用下面的随机模拟的方式实现.

```
function p= meet(m)    % m是随机实验次数
  rn1= unifrnd(0, 60, m, 1);
  rn2= unifrnd(0, 60, m, 1);
  rd= rn1- rn2;
  p= sum(abs(rn1- rn2)< = 20);
  p= p/m;
输入 meet(10000).
```

4. 投针实验

法国科学家蒲丰(Buffon)在 1777 年提出的蒲丰投针实验是早期几何概率中一个非常著名的例子. 蒲丰投针实验的重要性并非是为了求得比其他方法更精确的 π 值，而是它开创了使用随机数处理确定性数学问题的先河，是用偶然性方法去解决确定性计算的前导，由此可以领略到从"概率土壤"上开出的一朵瑰丽的鲜花——蒙特卡罗(Monte Carlo)方法. 前一问题的实现方法也是一种简单的蒙特卡罗方法.

### 实验 7.11：蒲丰投针实验

**例题**　蒲丰投针实验(图 7.2)可归结为下面的数学问题：平面上画有距离为 $a$ 的一些平行线，向平面上任意投一根长为 $l(l < a)$ 的针，假设针落在任意位置的可能性相同，试求针与平行线相交的概率 $P$.

**解**　以 $M$ 表示针落下后的中点，以 $x$ 表示 $M$ 到最近一条平行线的距离，以 $\varphi$ 表示针与此线的交角. 则针落地时 $x, \varphi$ 的所有可能结果满足 $0 \leqslant x \leqslant a/2$ 且 $0 \leqslant \varphi \leqslant \pi$. 那么，$(x, \varphi)$ 的取值范围为矩形区域 $\Omega$，其面积为 $\frac{a\pi}{2}$. 通过几何关系，针与平行线相交的条件为 $0 \leqslant x \leqslant \frac{l}{2} \sin \varphi$，其中 $0 \leqslant \varphi \leqslant \pi$. 满足相交条件的 $(x, \varphi)$ 的图形面积是 $S = \int_0^\pi \frac{l}{2} \sin \varphi \, d\varphi = l$. 因此，针与平行线相交的概率为 $P = \frac{2l}{a\pi}$. 从而有 $\pi = \frac{2l}{aP}$，特别当 $a = 2l$ 时，$\pi = \frac{1}{P}$，$P$ 为统计频率.

```
function buffon(m, n, a, b)
% m 投数, n 间距个数, a 间距宽, b 针长
% 红针表示针与平行线相交, 蓝针表示针没有与平行线相交
  clear; clc; clf; hold on;
```

```
if nargin< 4,
   m= 1000; n= 5; a= 2; b= 1.5;
end
X= [- a 10+ a]'* ones(1, n+ 1)
p= a* (0: n);
Y= [11]'* p;
plot(X, Y, 'k- ', 'linewidth', 1.2);
axis('equal', 'off ', [- a10+ a- 1a* n+ 1]);
% % % start to test
count= 0;
for k= 1: m,
   x= 10* rand;
   y= 10* rand;
   phi= 2* pi* rand;
   xe= x+ b* cos(phi);
   ye= y+ b* sin(phi);
   color= 'b';
   if prod((y- p) . * (ye- p))< = 0,
      count= count+ 1;
      color= 'r';
   end
   plot([x xe], [y ye], color, 'linewidth', 1.2);
   axis('equal', 'off', [- a10+ a- 1a* n+ 1]);
   clc;
   fprintf('pi 的值近似为% 10.8g', 2* b/a* k/count);
   pause(0.02);
end
```

在发明计算机之前，有许多人做了投针试验，结果如表 7.2.

图 7.2　蒲丰投针实验

表 7.2    蒲丰投针实验历史记录

| 实验者 | 年份 | 投针次数 | $\pi$ 的实验值 |
|---|---|---|---|
| Wolf | 1850 | 5 000 | 3.1596 |
| Smith | 1855 | 3 204 | 3.1554 |
| De Morgan | 1860 | 600 | 3.137 |
| Fox | 1894 | 1 120 | 3.1419 |
| Lazzarini | 1901 | 3 408 | 3.1415929 |
| Reina | 1925 | 2 520 | 3.1795 |

## 7.4  练习题

1. 生成 12 个 $(-1,1)$ 上均匀分布的随机数，并储存在 $3 \times 4$ 的矩阵 $A$ 里.

2. 用公式(7.1)写一个程序，找到比较好的随机数序列.

3. 实现线性同余法，并对指定的 $m$ 找到产生较好随机数序列的参数 $a$，$b$，$x_0$，该方法一旦选定较好的 $a$，$b$，是否对大部分 $x_0$ 都能得到较好的随机数?

4. 编写一个拼手气抢红包的程序，输入总金额及红包份数，产生随机的每一份红包，要求红包精确到 1 分钱，除非不够分不能有空的红包，红包份额大小应与先后无关.

5. 把一副扑克牌去掉大小王，随机发给 4 个人，每人 13 张牌. 可以用 S(spade)，H(heart)，D(diamond)，C(club)表示黑桃、红桃、方块、梅花四个花色.

6. 掷一枚不均匀硬币，正面出现概率为 0.3，记录前 1 000 次掷硬币试验中正面频率的波动情况，并画图.

7. 掷两枚不均匀硬币，每枚正面出现概率为 0.4，记录前 1 000 次掷硬币试验中两枚都为正面频率的波动情况，并画图.

8. 两船欲停靠同一个码头，而码头只能停靠一艘船. 设两船到达码头的时间各不相干，而且到达码头的时间在一昼夜内是等可能的. 如果两船到达码头后需在码头停留的时间分别是 1 小时与 2 小时，试求在一昼夜内，任一船到达时，需要等待空出码头的概率(频率估计概率).

9. 在一个边长为 $a$ 的正方形内随机投点，该点落在此正方形的内切圆中的概率应为该内切圆与正方形的面积比值，用此方法计算圆周率 $\pi$.

# 第 8 章　集合和向量的基本运算

8.1　实验导读

集合和向量在很多实际问题中有着不同的作用，MATLAB 提供了很多集合和向量的运算. 熟练掌握这些基本的运算函数，可以在很多组合数学和应用数学的问题中加快编程，提高解决问题的能力.

8.2　实验目的

1. 学会用 MATLAB 求两个集合的交集、差集、异或集、并集；
2. 学会用 MATLAB 求向量的点积、叉积；
3. 学会用 MATLAB 解决空间解析几何的简单应用.

8.3　实验内容

### 8.3.1　两个集合间的运算

1. 两个集合的并集

MATLAB 用向量来代表集合，向量的各分量就是集合的元素. 命令 union 用来计算两个集合的并集，其调用方式为：

```
c= union(a, b)           %返回向量 a, b 的并集
c= union(A, B, 'rows')   %返回矩阵 A, B 不同行向量构成的大矩阵，其中相同
                            行向量只取其一
```

---

**实验 8.1：并集**

在命令窗口分别输入以下命令，体会 union 命令的用法.

```
>> A= [1, 2, 3, 4; 5, 6, 7, 8; 1, 3, 6, 9];
>> B= [1, 2, 3, 4; 0, 2, 5, 8; 1, 3, 6, 9];
>> C= union(A, B, 'rows')
C=
```

---

```
0  2  5  8
1  2  3  4
1  3  6  9
5  6  7  8
```

这时候, C 的行向量按照字典序排列.

2. 两个集合的交集

命令 intersect 用来计算两个集合的交集, 其调用方式为:

```
c= intersect(a, b)              %返回向量 a\b 的交集
c= intersect(A, B, 'rows')      %返回矩阵 A, B 相同的行向量
```

**实验 8.2: 交集**

在命令窗口分别输入以下命令, 体会 intersect 命令的用法.

```
>> A= [1, 2, 3, 4; 5, 6, 7, 8; 1, 3, 6, 9];
>> B= [1, 2, 3, 4; 0, 2, 5, 8; 1, 3, 6, 9];
>> C= intersect(A, B, 'rows')
C=
   1  2  3  4
   1  3  6  9
```

3. 两个集合的差集

命令 setdiff 用来计算两个集合的差集, 返回属于前一个集合但不属于后一个集合的元素, 其调用方式为:

```
c= setdiff(a, b)                %返回向量 a/b 的元素
c= setdiff(A, B, 'rows')        %返回属于矩阵 A 但不属于矩阵 B 的行向量
```

**实验 8.3: 差集**

在命令窗口分别输入以下命令, 体会 setdiff 命令的用法.

```
>> A= [1, 2, 3, 4; 5, 6, 7, 8; 1, 3, 6, 9];
>> B= [1, 2, 3, 4; 0, 2, 5, 8; 1, 3, 6, 9];
>> C= setdiff(A, B, 'rows')
C=
   5  6  7  8
```

4. 两个集合交集的异或

命令 setxor 用来计算两个集合交集的异或, 其调用方式为:

```
c= setxor(a, b)                 %返回向量 a, b 交集的异或
c= setxor(A, B, 'rows')         %返回矩阵 A, B 行向量的异或
```

---

**实验 8.4：集合的异或**

在命令窗口分别输入以下命令，体会 setxor 命令的用法.

```
>> A= [1, 2, 3, 4; 5, 6, 7, 8; 1, 3, 6, 9];
>> B= [1, 2, 3, 4; 0, 2, 5, 8; 1, 3, 6, 9];
>> C= setxor(A, B, 'rows')
C=
   0   2   5   8
   5   6   7   8
```

---

### 8.3.2　向量间的运算

1. 向量的点积

若 a，b 为相同维数的向量，向量的点积是两个向量中对应元素乘积之和，即

$$a \cdot b = a^{\mathrm{T}} b = \sum_{i=1}^{n} a_i b_i, \ a, \ b \in \mathbf{R}^n.$$

向量的点积调用方式为：

```
c= dot(a, b)          %返回向量 a，b 的点积
c= dot(A, B, dim)     %在 dim 维数中给出矩阵 A，B 的点积
```

---

**实验 8.5：向量的点积**

在命令窗口分别输入以下命令，学会进行向量点积.

```
>> a= [1, 2, 3, 4];
>> b= [4, 3, 2, 1];
>> A= magic(3);
>> B= ones(3, 3);
>> c= dot(a, b)
c=
   20
>> cc= dot(A, B, 2)        % 与 dot(A, B)比较
cc=
   15
   15
   15
```

---

2. 向量的叉积

若 $a = (a_1, a_2, a_3)^{\mathrm{T}}$，$b = (b_1, b_2, b_3)^{\mathrm{T}}$ 为 3 维的向量，向量的叉积定义如下：

$$a \otimes b = (a_2 b_3 - a_3 b_2, a_1 b_3 - a_3 b_1, a_1 b_2 - a_2 b_1)^{\mathrm{T}}.$$

向量的叉积调用方式为

```
c= cross(a, b)        %返回向量 a, b 的叉积
c= cross(A, B, dim)   %在 dim 维数中给出矩阵 A, B 的点积, size(A, dim)和
                        size(B, dim)必须为 3
```

**实验 8.6：向量的叉积**

在命令窗口分别输入以下命令, 学会向量叉积用法.

```
>> a= [1, 2, 4];
>> b= [1, 3, 4];
>> A= magic(3);
>> B= ones(3);
>> c= cross(a, b)
c=
  - 4  0  1
>> cc= cross(A, B, 2)   % 与 cross(A, B, 1)比较
cc=
  - 5  - 2    7
  - 2    4  - 2
    7  - 2  - 5
```

3. 向量的混合积

向量的混合积在实际工程中有许多重要的应用, 它可以由以上两个函数来实现. 需要注意的是先叉积后点积, 顺序不可颠倒.

**实验 8.7：向量的混合积**

在命令窗口分别输入以下命令, 查看向量混合积的实现.

```
>> a= [1, 2, 3];
>> b= [4, 5, 6];
>> c= [2, 3, 5];
>> x= dot(a, cross(b, c))
x=
  - 3
```

4. 向量的长度和夹角

$n$ 维向量 $x = (x_1, x_2, \cdots, x_n)^{\mathrm{T}}$ 的长度定义如下：

$$\| x \| = \sqrt{x_1^2 + x_2^2 + \cdots + x_n^2}.$$

其调用方式为：sqrt(dot(x, x))或者 sqrt(sum(x. * x))或者 norm(x).

3 维向量 $x$ 的方向余弦为

$$\cos \alpha = \frac{x_1}{\| x \|}, \ \cos \beta = \frac{x_2}{\| x \|}, \ \cos \gamma = \frac{x_3}{\| x \|}.$$

3 维向量 $x$ 和 $y$ 之间的夹角 $\alpha$ 可以由公式 $\cos \alpha = \dfrac{x \cdot y}{\| x \| \ \| y \|}$ 求得.

**实验 8.8：向量的夹角**

在命令窗口分别输入以下命令，计算向量间的夹角.

```
>> x= [1, 2, 2];
>> y= [3, 0, 4];
>> r1= sqrt(dot(x, x));
>> r2= sqrt(dot(y, y));
>> alpha= acos(dot(x, y)/r1/r2)
alpha=
   0.7476
```

### 8.3.3　解析几何简单应用

点 $A(x_1, y_1, z_1)$ 和点 $B(x_2, y_2, z_2)$ 之间的距离定义如下

$$r = \sqrt{(x_1 - x_2)^2 + (y_1 - y_2)^2 + (z_1 - z_2)^2}.$$

所以，计算空间中两个点的距离可以如下调用：

```
A= [1 2 3]';
B= [4 2 1]';
s= A- B;
sqrt(dot(s, s))
```

平面方程 $Ax + By + Cz + D = 0$ 用 $f = (A, B, C, D)$ 表示，点 $P(x, y, z)$ 到平面的距离 $d$ 有公式如下：

$$d = \frac{|Ax + By + Cz + D|}{\sqrt{A^2 + B^2 + C^2}}.$$

所以，计算空间中点到平面的距离可以如下调用方式：

```
f= [2 3 - 1 2]';
p= [2 5 7]';
d= abs(dot(f, [p; 1]))/norm(f(1: 3))
```

将直线 $\dfrac{x-x_0}{A}=\dfrac{y-y_0}{B}=\dfrac{z-z_0}{C}$ 表示为点 $p_0=(x_0,\ y_0,\ z_0)^{\mathrm{T}}$ 和向量 $\boldsymbol{v}=(A,$
$B,\ C)$, 点 $p(x,\ y,\ z)$ 到该直线的距离为 $d$, 其计算公式为

$$d=\frac{|\ \boldsymbol{v}\otimes\overrightarrow{pp_0}\ |}{\|\ \boldsymbol{v}\ \|}.$$

所以, 计算空间点到直线的距离可以使用如下调用方式:

```
p0= [1 2 3]';
p= [1 4 9]';
v= [1 1 - 1]';
vs= p- p0;
c= cross(v, vs);
d1= sqrt(dot(c, c));
d2= sqrt(dot(v, v));
d= d1/d2
```

## 8.4  练习题 ▶

1. 输入 $n$ 个单词, 你能找出只差一个字母的两个单词吗? 例如, five 和 fire 只差一个字母, hair 和 chair, flee 和 fee 也都只差一个字母.

2. 向量 $\boldsymbol{y}=(2,\ 7,\ 8)^{\mathrm{T}}$, 求它的长度及方向角 $\alpha,\ \beta,\ \gamma$, 并验证 $\cos^2\alpha+\cos^2\beta+\cos^2\gamma=1$.

3. 已知向量 $\boldsymbol{x}=(1,\ 2,\ 4)^{\mathrm{T}}$, $\boldsymbol{y}=(1,\ -3,\ 1)^{\mathrm{T}}$, 求向量 $\boldsymbol{x}$, $\boldsymbol{y}$ 之间点积、叉积和夹角.

4. 求点 P$(-1,\ 2,\ 3)$ 到平面 $2x-y+2z+1=0$ 的距离.

5. 已知向量 $\boldsymbol{A}$, $\boldsymbol{B}$, $\boldsymbol{C}$, 若 rank$([A;\ B])=1$, 则向量 $\boldsymbol{A}$, $\boldsymbol{B}$ 共线; 若 rank$([A;$ $B;\ C])=1$ 或者 rank$([A;\ B;\ C])=2$, 则向量 $\boldsymbol{A}$, $\boldsymbol{B}$, $\boldsymbol{C}$ 共面, 为什么? 已知 $\boldsymbol{A}(1,\ 2,\ 3)$, $\boldsymbol{B}(-2,\ -4,\ -6)$, $\boldsymbol{C}(3,\ -6,\ 9)$, 试判断 $\boldsymbol{A}$ 与 $\boldsymbol{B}$, $\boldsymbol{A}$ 与 $\boldsymbol{C}$, $\boldsymbol{B}$ 与 $\boldsymbol{C}$ 之间是否共线, 向量 $\boldsymbol{A}$, $\boldsymbol{B}$, $\boldsymbol{C}$ 是否共面.

6. 求点 $P(2,\ -4,\ 5)$ 关于直线 $\dfrac{x-2}{3}=\dfrac{y+3}{7}=\dfrac{z-1}{-3}$ 的垂足和对称点.

7. 你小时候玩过这个魔术吗? 取 13 张扑克牌, 牌面数字为 2, 3, …, 10, $J$, $Q$, $K$, $A$, 整理成某个顺序后倒扣, 每次把最上面的一张放到整摞牌的最下面, 再翻开一张, 直至所有牌都已被翻出. 例如, 如果只有三张, 顺序是 2, $A$, 3, 翻出来的顺序是 $A$, 2, 3. 如果翻出来的顺序是从 2 到 $A$, 那么应该整理成什么顺序? 如果想要翻出从 $A$ 到 2 呢?

8. 数独，曾经是一个风靡全球的游戏，要求你在九个九宫格中填入缺失的 1 到 9，使得每个九宫格、每行和每列都有 1 到 9. 比如，下面的问题就是一个数独问题

$$
\begin{array}{|ccc|ccc|ccc|}
\hline
 &   &   &   &   &   & 3 & 4 & 5 \\
4 & 7 & 2 & 5 &   &   &   &   &   \\
 &   &   & 8 & 4 & 9 &   &   & 6 \\
\hline
 & 4 &   &   &   &   & 8 & 3 & 1 \\
 &   &   & 4 & 2 & 1 &   &   &   \\
6 & 5 & 1 &   &   &   &   & 9 &   \\
\hline
1 &   &   & 3 & 7 & 6 &   &   &   \\
 &   &   &   &   & 2 & 4 & 1 & 3 \\
9 & 3 & 8 &   &   &   &   &   &   \\
\hline
\end{array}
$$

数独有各种不同的求解技巧. 如：

(a) 排除法：考虑 $(2,6)$ 元素，它不能填 $1,2$，也不能填 $4$ 到 $9$ 的任意一数，因此只能填 $3$；

(b) 反排法：考虑第 $6$ 行，$4$ 不能填在第 $4,5,6,7$ 的空格上，因此只能填在第 $9$ 个空格上；

(c) 九宫内排：考虑第二个九宫格，即由前 $3$ 行 $4,5,6$ 列组成的 $9$ 个格子. $2$ 不能填在第 $5$ 列，也不能填在第 $6$ 列. 因此，$(1,4)$ 元素为 $2$.

还可以在网络上找到更多的技巧. 把一个数独问题以 $9\times9$ 矩阵的形式输入，待填的数字可以写零. 你能填入多少个数?

# 第9章 图形的绘制

9.1 实验导读

MATLAB 的计算可视化是它的一大特色，可视化方法不仅是一种展示计算结果的方式，更是发现新规律和寻找新方法的手段. MATLAB 的图形绘制包括二维和三维图形，其中三维图形包括三维线图和曲面.

9.2 实验目的

1. 熟悉 MATLAB 软件中二维绘图的基本方法；
2. 熟悉 MATLAB 软件中三维绘图的基本方法；
3. 熟悉 MATLAB 常用操作图形的命令.

9.3 实验内容

### 9.3.1 二维图形绘制

1. 二维图形绘制的基本命令

绘制二维图形最常用的函数是 plot 函数，其基本调用格式为 $\text{plot}(x, y)$，对于不同形式的输入，该函数可以实现不同的功能.

（1）若 $x$, $y$ 为向量，则以 $x$, $y$ 对应元素为横、纵坐标绘制二维曲线. 注意，$x$, $y$ 必须有相同的分量个数.

（2）若 $x$ 为列向量，$y$ 为 $m \times n$ 的矩阵，则将在同一坐标系下绘制 $n$ 条曲线，矩阵 $y$ 的每一列和 $x$ 之间的关系将绘制出一条曲线. 这里要求矩阵 $y$ 的行数应该等于向量 $x$ 的长度.

（3）若 $x$, $y$ 均为矩阵，且具有相同的行列数，则将绘制出 $x$ 矩阵每列和 $y$ 矩阵每对应列之间关系的曲线.

（4）如果只有一个输入，如 $\text{plot}(y)$，若 $y$ 有 $m$ 个实分量，则 $x=1$：$m$，以 $y$ 对应元素为纵坐标绘制二维曲线.

（5）如果只有一个输入，如 $\text{plot}(y)$，若 $y$ 有 $m$ 个复分量，则把 $y$ 的 $m$ 个点

画在复平面上并连成折线.

　　一般不指定画线的属性（如线宽、颜色、线型等），MATLAB 会自行指定. 如果想要指定曲线的属性，如线型、线宽、颜色等，可以用命令进行指定：plot(x, y, s). 这里，s 为一个字符串，包含表示不同线型、粗细、颜色等的信息.

表 9.1　绘图命令的各种选项

| 线型 | 意义 | 颜色 | 意义 | 点型 | 意义 |
|---|---|---|---|---|---|
| — | 实线 | b | 蓝色 | * | 星号 |
| -- | 虚线 | c | 青色 | . | 实点 |
| : | 点线 | g | 绿色 | o | 圆圈 |
| —. | 点划线 | k | 黑色 | x | 叉号 |
| 不写 | 不连线 | m | 紫红 | + | 加号 |
|  |  | r | 红色 | d | 菱形 |
|  |  | w | 白色 | ∧ | 向上三角 |
|  |  | y | 黄色 | ∨ | 向下三角 |
|  |  |  |  | > | 向右三角 |
|  |  |  |  | < | 向左三角 |
|  |  |  |  | s | 正方形 |
|  |  |  |  | h | 正六边形 |
|  |  |  |  | p | 五角形 |

**实验 9.1：基本绘图**

试绘制出函数 $y = \sin(\tan x) - \tan(\sin x)$ 与 $y = x + 1$ 在区间 $x \in [-\pi, \pi]$ 内的曲线（图 9.1）.

```
% jibenhuitu.m
>> x= - pi: 0.01: pi;        % x= linspace(- pi, pi, 2000);
>> y= sin(tan(x))- tan(sin(x));
>> plot(x, y, ':b')
>> hold on
>> plot(x, x+ 1, '- - r')
>> xlabel('x');
>> ylabel('y');
>> title('my first two curves');
```

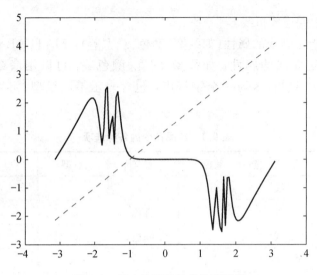

图 9.1 基本绘图实验的绘图结果

其中，hold on 命令使得不同图形可以画在同一图形窗口中；关掉这个选项可以使用 hold off；而 hold 不带选项的命令可以切换这两个状态. xlabel 和 ylabel 命令可以设置坐标轴的名称，title 可以给图形添加标题.

2. 显函数绘制

对于一元显函数 $y = f(x)$ 在指定区间 $[a, b]$ 上的图形的绘制，较为简单的还是使用函数 fplot，该函数的调用格式为 fplot('myexpress', [a, b])，函数表达式要置于单引号内.

**实验 9.2：显函数绘图**

在命令窗口输入以下命令，体会其用途.

```
>> fplot('sin(4* x)', [0, pi])
>> fplot('[sin(x), cos(x)]', [- 2* pi, 2* pi])
```

3. 隐函数绘制

MATLAB 提供的 ezplot 函数可以直接绘制出隐函数曲线，该函数的调用格式为 ezplot('myexpress', [a, b])，函数表达式要置于单引号内.

**实验 9.3：隐函数绘图**

试绘制出隐函数 $x^2 \sin(x + y^2) + y^2 e^{x+y} + 5\cos(x^2 + y) = 0$ 的曲线（图 9.2，图 9.3）.

```
>> ezplot('x^2* sin(x+ y^2)+ y^2* exp(x+ y)+ 5* cos(x^2+ y)')
>> ezplot('x^2* sin(x+ y^2)+ y^2* exp(x+ y)+ 5* cos(x^2+ y)', [- 10, 10])
```

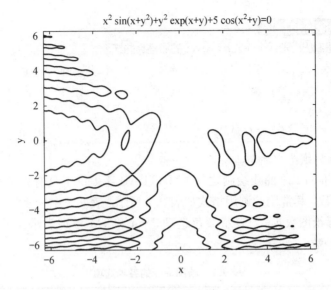

图 9.2　默认尺度绘制的曲线

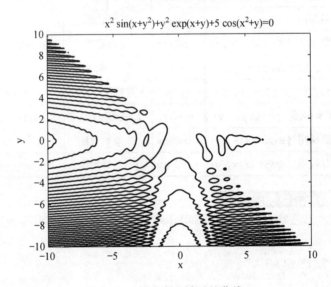

图 9.3　扩大定义域后的曲线

4. 极坐标下的图形绘制

MATLAB 提供的 polar 与 ezpolar 函数可以直接绘制出在极坐标系下的函数曲线，该函数的调用格式为 polar(theta，rho，s)，其中 theta 为极角，rho 为相应的极径，s 为图形属性设置选项. 或者，ezpolar('myexpress')，函数表达式要置于单引号内.

**实验 9.4：隐函数绘图**

试用极坐标绘制出心形线 $r = 5(1 + \cos t)$ 的极坐标曲线.

```
>> t= 0.01: 2* pi;
>> r= 5* (1+ cos(t));
>> polar(t, r)
>> ezpolar('5* (1+ cos(x))')
```

5. 特殊二维图形绘制

除了标准的二维曲线绘制之外，MATLAB 还提供了具有各种特殊意义的图形绘制函数，其常用的调用格式如表 9.2 所示. 表 9.2 中，参数 x，y 分别表示横、纵坐标绘图数据，c 表示颜色选项，ym 和 yM 分别表示误差图的上、下限，n 表示个数.

**表 9.2　绘图命令的各种选项**

| 函数名 | 意义 | 常用调用格式 | 函数名 | 意义 | 常用调用格式 |
|---|---|---|---|---|---|
| bar | 条形图 | bar(x, y) | comet | 彗星状图 | comet(x, y) |
| compass | 罗盘图 | compass(x, y) | errorbar | 误差限图 | errorbar(x, y, ym, yM) |
| feather | 羽毛状图 | feather(x, y) | fill | 二维填充函数 | fill(x, y, c) |
| hist | 直方图 | hist(y, n) | stem | 离散数据饼状图 | stem(x, y) |
| polar | 极坐标图 | polar(x, y) | quiver | 磁力线图 | quiver(x, y) |
| stairs | 阶梯图 | stairs(x, y) | semilogx | $x$-半对数图 | semilogx(x, y) |
| loglog | 对数图 | loglog(x, y) | semilogy | $y$-半对数图 | semilogy(x, y) |

**实验 9.5：特殊二维图形绘制**

以正弦数据为例，试在同一窗口的不同区域用不同的绘图方式绘制出相应的曲线（图 9.4）.

```
% fig63. m
>> t= 0: 0.2: 2* pi;
>> y= sin(t);
>> subplot(2, 2, 1), stairs(t, y)
>> subplot(2, 2, 2), stem(t, y)
>> subplot(2, 2, 3), bar(t, y)
>> subplot(2, 2, 4), semilogx(t, y)
```

这里，subplot(m, n, k) 命令把图形窗口分成 $m$ 行 $n$ 列的 $m \times n$ 个窗口，之后的所有画图命令产生的图形及控制命令都作用在这个小窗口中，除非另外写了一条 subplot(m, n, k2).

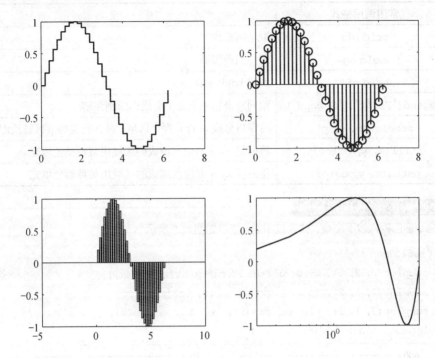

图 9.4　图形的不同修饰效果

6. 图形的修饰与控制

MATLAB 提供了许多用来控制图形窗口的方式，这些常用的命令整理如表 9.3.

表 9.3　图形修饰的控制函数

| 常用调用格式 | 意　　义 |
| --- | --- |
| axis square | 使绘图区域为正方形 |
| axis equal | 控制各坐标值的刻度，使其相等 |
| axis([xmin, xmax, ymin, ymax]) | 控制坐标轴的范围 |
| title('abc') | 给图形加上标题 abc |
| xlabel('abc') | 给 $x$ 轴标注 abc |
| ylabel('abc') | 给 $y$ 轴标注 abc |
| text(x, y, 'abc') | 在坐标 $(x, y)$ 处注说明文字 abc |
| grid on | 加网格线 |

续表

| 常用调用格式 | 意　义 |
|---|---|
| grid off | 取消网格线 |
| hold on | 保持当前图形 |
| hold off | 解除 hold on 命令 |
| legend('First', 'Second') | 给同一坐标系上几个曲线作图例注解 |
| subplot(m, n, p) | 将窗口分成 $m$ 行 $n$ 列个区域,并在指定的 p 区域绘图 |
| fill(x, y, color) | 将向量 $x$, $y$ 对应点围成的区域用某种颜色填充 |
| patch(x, y, color) | 将向量 $x$, $y$ 对应点围成的区域用某种颜色填充 |

**实验 9.6:特殊图形绘制**

在命令窗口输入以下命令,体会其用途,结果如图 9.5 所示.

```
% fig64.m
>> subplot(2, 2, 1); x= 0: pi/60: 2* pi; plot(x, exp(x));
>> subplot(2, 2, 2); fplot('log(x)', [10, 2e3]);
>> subplot(2, 1, 2); plot(x, sin(x), '- - b', x, cos(x), '- - r')
>> legend('sin(x)', 'cos(x)', 1)
```

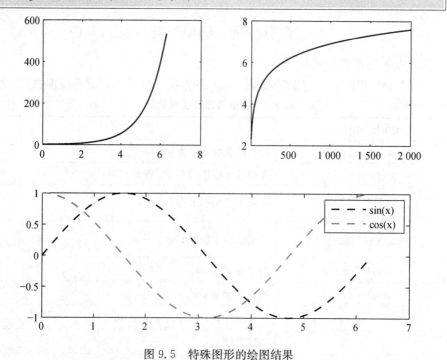

图 9.5　特殊图形的绘图结果

**实验 9.7：图形绘制与修饰**

画出正弦曲线 $y = \sin x$ 在 $[0, 2\pi]$ 部分，并把它在 $\left[0, \dfrac{\pi}{2}\right]$ 与 $x$ 轴包围的封闭图形填充颜色 (图 9.6).

```
% fig65.m
>> x= 0: pi/60: 2* pi;
>> y= sin(x);
>> x1= 0: pi/60: pi/2;
>> y1= sin(x1);
>> plot(x, y, '- - r')
>> hold on
>> fill([x1, pi/2], [y1, 0], 'b')
```

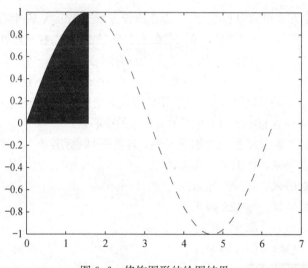

图 9.6 修饰图形的绘图结果

除了上述常用图形修饰与控制函数以外，MATLAB 的图形窗口工具栏中也提供了各种图形修饰的功能，如在图形上添加箭头，文字与直线等，对图形的局部放大、旋转等. 对于字符串可以用普通的文字和字母表示，也可用 LaTeX 的格式描述数学公式.

7. 一个综合的例子

中华人民共和国的国旗制作方法有如下规定：

国旗的形状、颜色两面相同，旗上五星两面相对. 为便利计，本件仅以旗杆在左之一面为说明之标准. 对于旗杆在右之一面, 凡本件所称左均应改右, 所称右均应改左.

（一）旗面为红色, 长方形, 其长与高为三与二之比, 旗面左上方缀黄色五角星五颗. 一星较大, 其外接圆直径为旗高十分之三, 居左；四星较小, 其外接圆直径为旗高十分之一, 环拱于大星之右. 旗杆套为白色.

（二）五星之位置与画法如下:

甲、为便于确定五星之位置, 先将旗面对分为四个相等的长方形, 将左上方之长方形上下划为十等分, 左右划为十五等分.

乙、大五角星的中心点, 在该长方形上五下五、左五右十之处. 其画法为: 以此点为圆心, 以三等分为半径作一圆. 在此圆周上, 定出五个等距离的点, 其一点须位于圆之正上方. 然后将此五点中各相隔的两点相联, 使各成一直线. 此五直线所构成之外轮廓线, 即为所需之大五角星. 五角星之一个角尖正向上方.

丙、四颗小五角星的中心点, 第一点在该长方形上二下八、左十右五之处, 第二点在上四下六、左十二右三之处, 第三点在上七下三、左十二右三之处, 第四点在上九下一、左十右五之处. 其画法为: 以以上四点为圆心, 各以一等分为半径, 分别作四个圆. 在每个圆上各定出五个等距离的点, 其中均须各有一点位于大五角星中心点与以上四个圆心的各联结线上. 然后用构成大五角星的同样方法, 构成小五角星. 此四颗小五角星均各有一个角尖正对大五角星的中心点.

（三）国旗之通用尺度定为如下五种, 各界酌情选用:

甲、长 288 厘米, 高 192 厘米.

乙、长 240 厘米, 高 160 厘米.

丙、长 192 厘米, 高 128 厘米.

丁、长 144 厘米, 高 96 厘米.

戊、长 96 厘米, 高 64 厘米.

**实验 9.8：画一面国旗**

下面的程序画出中国的国旗, 结果如图 9.7.

```
function flag
%  画国旗
  clf; hold on;
  axis('equal', 'off ');
  w= 196;
  patch([0 3 3 0 0]* w, [0 0 2 2 0]* w, 'r');      % background
  plot([0 3 3 0 0]* w, [0 0 2 2 0]* w, 'r');       % erase the frame
```

```
C= [0.5; 1.5]* w;              % center of large pentagon
R= 0.3* w;                     % radius of large pentagon
ngon(5, C, C+ [0; R]);         % draw large pentagon
for p= [10 12 12 10
        8 6 3 1],
  c= ([0; 1]+ 0.1* p)* w;
  fp= c+ 0.1* w* (C- c)/norm(C- c);
  ngon(5, c, fp);
end

function ngon(n, c, fp, col)
% regular n-polyhedra, with center c, and start point fp, color col
  if nargin< 4, col= 'y'; end;
  v= fp- c;
  t= atan2(v(2), v(1));
  r= norm(v);
  s= t+ (1: n+ 2)* (2* pi)/n;
  p= c* ones(1, n+ 2)+ r* [cos(s); sin(s)];
  for j= 1: n,
    patch([p(1, [j j+ 2])c(1)], [p(2, [j j+ 2])c(2)], col);
    plot([p(1, [j j+ 2])c(1)p(1, j)], [p(2, [j j+ 2])c(2)p(2, j)], col);
end
```

图 9.7  中国国旗

### 9.3.2　三维图形绘制

1. 三维曲线绘制

二维曲线绘制函数 plot 可以扩展到三维曲线的绘制中, 这时, 可以用函数 plot3 绘制三维曲线. 该函数的调用格式为: plot3(x, y, z, s). 其中, 若 x, y, z 为同维向量, 则绘制点由点(x(i), y(i), z(i))依次相连的空间曲线; 若 x, y, z 为同维矩阵, 则绘制出由矩阵相应列向量为坐标画出的曲线. s 为曲线性质选项, 同二维曲线的绘制完全一致.

---

**实验 9.9: 绘制三维螺旋线**

在命令窗口输入以下命令, 体会其用途(图 9.8).

```
>> t= 0: pi/60: 10* pi;
>> x= sin(t);
>> y= cos(t);
>> z= t;
>> plot3(x, y, z, 'b* ');
```

---

相应地, 类似于二维曲线绘制函数, MATLAB 还提供了其他三维曲线绘制函数, 如 stem3 可以绘制三维火柴杆型曲线, fill3 可以绘制三维的填充图形, bar3 可以绘制三维的直方图, comet3 可以绘制三维的彗星状图.

---

**实验 9.10: 绘制三维填充图形**

在命令窗口输入以下命令, 体会其用途(图 9.9).

```
>> X= [2, 1, 2; 9, 7, 1; 6, 7, 0];
>> Y= [1, 7, 0; 4, 7, 9; 0, 4, 3];
>> Z= [1, 8, 6; 7, 9, 6; 1, 6, 1];
>> C= [1, 0, 0; 0, 1, 0; 0, 0, 1];
>> fill3(X, Y, Z, C)
```

---

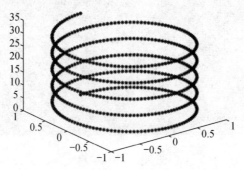

图 9.8　螺旋线的绘图结果

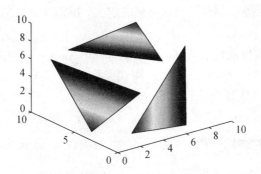

图 9.9  三维填充的绘图结果

2. 三维曲面绘制

如果已知二元函数 $z=f(x,y)$，则可以绘制出该函数的三维曲面图. 在绘制三维图之前，应该先调用 meshgrid 函数生成网格矩阵数据 X 和 Y，这样就可以按函数公式用点运算的方式计算出 Z 矩阵，之后就可以用 mesh 或 surf 等函数进行三维图形绘制. 具体的函数调用格式为：

```
[X, Y]= meshgrid(x, y);
```

x 和 y 为两坐标轴的分点坐标，X 和 Y 为利用这些分点构建的二维网格每个格点的横坐标和纵坐标. 例如，

```
>> x= 1: 3;
>> y= 8: 2: 14;
>> [X, Y]= meshgrid(x, y)
X=
    1   2   3
    1   2   3
    1   2   3
    1   2   3
Y=
    8   8   8
   10  10  10
   12  12  12
   14  14  14
```

可以看到，$x$ 有 3 个分点，$y$ 有 4 个，因此，$X$，$Y$ 都是 $4\times3$ 的矩阵，代表 12 个网格点的坐标矩阵，且 $(X_{ij}, Y_{ij})=(x_i, y_j)$. 所以，$X$ 的每列都是相同的，而 $Y$ 每行都是相同的. 设想有一个二元函数 $z=xy$，该函数在 $(i,j)$ 网格点的函数值

为 $x_i y_j = X_{ij} Y_{ij}$，而按照 MATLAB 点乘的定义，矩阵 **X**. ∗ **Y** 的 $(i, j)$ 元素即是这个表达式.

利用这种方式生成的矩阵 **Z**，可以用 mesh(X, Y, Z) 画图，或者 mesh(x, y, Z) 画图. 可以用 surf(X, Y, Z) 画图，或者 surf(x, y, Z) 画图.

其他类似的函数还有：meshz，meshc，surfc，surfl，waterfall，contour3，pie3，cylinder，sphere 等，可以用 help 分别查看其用途.

---

**实验 9.11：绘制三维马鞍面**

在命令窗口输入以下命令绘制马鞍面：$z = \dfrac{x^2}{4^2} - \dfrac{y^2}{5^2}$（图 9.10）.

```
>> x= - 8 : 8;
>> y= - 8 : 8;
>> [X, Y]= meshgrid(x, y);
>> Z= X. ^2/4^2- Y. ^2/5^2;
>> meshz(X, Y, Z)
```

---

对于二元函数，可以用 contour 或者 contour3 画出它的等高线. 例如，函数

$$z = x\cos y + y\sin x + \frac{\cos^2 x + \sin^2 y - xy}{x^2 + y^2 + 1}.$$

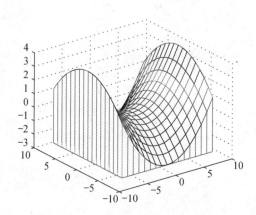

图 9.10　马鞍面的绘图

**实验 9.12：绘制三维等高线**

在命令窗口输入以下命令，体会其用途 (图 9.11).

```
% fig611.m
>> [X, Y]= meshgrid(- 2: 0.1: 2);
>> Z= X. * cos(Y)+ Y. * sin(X)+ (cos(X). ^2+ sin(Y). ^2- X. * Y). /(X. ^2
+ Y. ^2+ 1);
>> contour3(X, Y, Z)
```

**实验 9.13：绘制三维饼状图**

在命令窗口输入以下命令，体会其用途 (图 9.12).

```
>> x= [1, 3, 0.5, 2.5, 2];
>> ex= [0, 1, 0, 0, 0];
>> pie3(x, ex)
```

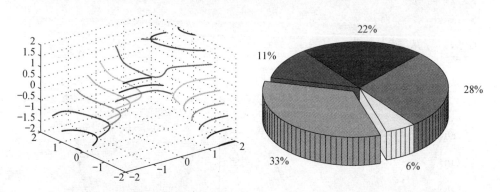

图 9.11　三维等高线的绘图结果　　　　图 9.12　三维饼图的绘图结果

3. 旋转曲面

MATLAB 可以使用参数坐标来画出旋转曲面. 例如, 函数 $z = x^2 + y^2$ 是一个旋转抛物面. 它同时可以写成参数曲面

$$\begin{cases} x = r\cos\theta, \\ y = r\sin\theta, \\ z = r^2. \end{cases}$$

可以用两种不同的形式来画出这个曲面.

### 实验 9.14：旋转曲面的实现

下面两种不同的实现旋转抛物面的方式.

```
>> subplot(1, 2, 1);
>> x= linspace(- 5, 5);
>> [X, Y]= meshgrid(x);
>> Z= X. ^2+ Y. ^2;
>> mesh(X, Y, Z);
>> subplot(1, 2, 2);
>> r= linspace(0, 5);
>> theta= linspace(0, 2* pi);
>> [R, T]= meshgrid(r, theta);
>> X= R. * cos(T);
>> Y= R. * sin(T);
>> Z= R. ^2;
>> mesh(X, Y, Z);
```

比较一下, 效果有什么不一样(图 9.13)?

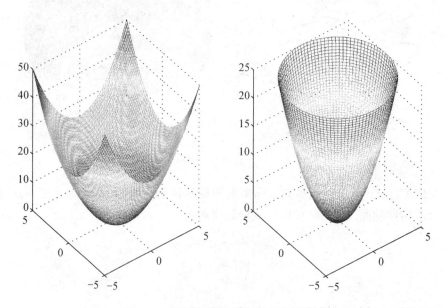

图 9.13  不同的画旋转曲面对比的结果

4. 直角坐标、柱坐标和球坐标之间的转换

**实验 9.15：三维坐标变换：柱坐标转换为直角坐标**

在命令窗口输入以下命令，体会其用途.

```
>> theta= 0: pi/30: 2* pi;
>> ro= sin(theta);
>> [T, R]= meshgrid(theta, ro);
>> Z= R. * T;
>> [X, Y, Z]= pol2cart(T, R, Z);
>> mesh(X, Y, Z)
```

直角坐标、柱坐标和球坐标之间的转换的函数见表 9.4 所示.

表 9.4    坐标变换的控制函数

| 常用调用格式 | 意    义 |
| --- | --- |
| [x, y]= pol2cart(theta, r) | 将二维极坐标转换为直角坐标 |
| [theta, r]= cart2pol(x, y) | 将二维直角坐标转换为极坐标 |
| [x, y, z]= pol2cart(theta, r, z) | 将三维极坐标转换为直角坐标 |
| [theta, r, z]= cart2pol(x, y, z) | 将三维直角坐标转换为极坐标 |
| [x, y, z]= sph2cart(theta, phi, r) | 将三维球坐标转换为直角坐标 |
| [theta, phi, r]= cart2sph(x, y, z) | 将三维直角坐标转换为球坐标 |

**实验 9.16：三维坐标变换：球坐标转换为直角坐标**

在命令窗口输入以下命令，体会其用途.

```
>> theta= 0: pi/30: 6* pi;
>> ph= theta. ^2- theta;
>> [T, P]= meshgrid(theta, ph);
>> R= T. * P;
>> [X, Y, Z]= sph2cart(T, P, R);
>> mesh(X, Y, Z)
```

## 9.4  练习题

1. 在一幅图上画出两个周期的正弦曲线和余弦曲线，再画出坐标轴，加上各种

图注，并在正弦曲线 $\left[0, \dfrac{\pi}{2}\right]$ 和横轴之间涂上红色.

2. 在一个窗口画出 4 幅图，分别绘制出 $\sin 2x$，$\tan x$，$\ln x$，$10^x$ 的函数图形，并加上适当的图形修饰.

3. 某校共有 1 560 学生，其中计算机系有 213 名学生，外语系有 387 名学生，音乐系有 220 名学生，美术系有 280 名学生，中文系有 280 名学生，理学院有 180 名学生，分别用饼图和条形图示意学生的分布.

4. 绘制函数 $f = x^2 + \dfrac{e^y|x|}{x^4+1}$ 在区域 $[-3,3] \times [-2,2]$ 上的三维曲面图.

5. 绘制函数 $x = \sin t$，$y = t^2 + e^t$ 的彗星效果图.

6. 选择合适 $\theta$ 的范围，分别绘制出下列极坐标图形：

(a) $\rho = \cos(\dfrac{7}{2}\theta)$，

(b) $\rho = \dfrac{\sin\theta}{\theta}$，

(c) $\rho = 1 - \cos^3(7\theta)$.

7. 画出球面 $x^2 + y^2 + z^2 = R^2$，以及画出旋转双曲面 $\dfrac{x^2}{a^2} + \dfrac{y^2}{b^2} - \dfrac{z^2}{c^2} = 1$ 和 $\dfrac{x^2}{a^2} - \dfrac{y^2}{b^2} - \dfrac{z^2}{c^2} = 1$，其中，所需要的参数可以从外部输入.

# 第10章　线性方程组实验

　　线性代数方程组是科学计算中最基本的问题. 一个线性方程组可能有唯一解，可能没有解或者有无穷多个解. MATLAB 提供了一些内置的函数用来求解线性方程组的解.

## 10.2　实验目的 ●▶

　　1. 熟悉 MATLAB 软件中矩阵的运算；

　　2. 掌握逻辑判断语句；

　　3. 熟练运用脚本和函数文件编程.

## 10.3　实验内容 ●▶

### 10.3.1　线性方程组的求解

　　对于线性方程组 $Ax=b$，其中 $A$ 为线性方程组的系数矩阵，$b$ 为已知列向量，$x$ 为未知列向量，即

$$A=\begin{bmatrix} a_{11} & a_{12} & \cdots & a_{1n} \\ a_{21} & a_{22} & \cdots & a_{2n} \\ \vdots & \vdots & & \vdots \\ a_{m1} & a_{m2} & \cdots & a_{mn} \end{bmatrix}, \quad x=\begin{bmatrix} x_1 \\ x_2 \\ \vdots \\ x_n \end{bmatrix}, \quad b=\begin{bmatrix} b_1 \\ b_2 \\ \vdots \\ b_m \end{bmatrix}.$$

矩阵 $C$ 为由 $A$，$b$ 构成的此方程组的增广矩阵，其元素形式表示为

$$C=\begin{bmatrix} a_{11} & a_{12} & \cdots & a_{1n} & b_1 \\ a_{21} & a_{22} & \cdots & a_{2n} & b_2 \\ \vdots & \vdots & & \vdots & \vdots \\ a_{m1} & a_{m2} & \cdots & a_{mn} & b_m \end{bmatrix}.$$

　　线性方程组 $Ax=b$ 的解可以由矩阵 $A$ 的秩和增广矩阵 $C$ 的秩来判断. 譬如, 在 MATLAB 中输入 rank(A) 和 rank([A, b]). 根据这两个矩阵的秩, 线性方程组 $Ax=b$ 的解分为以下三种情况:

　　(1) 当 $m=n$, 且 rank($A$)=rank($C$)=$n$ 时, 线性方程组 $Ax=b$ 有唯一解.

　　可以通过 MATLAB 函数直接求解. 譬如: x= inv(A)* b 或者 x= A\b. 还可以采用符号工具箱中的求逆函数得出方程的精确解, 求解的结果以分数表示.

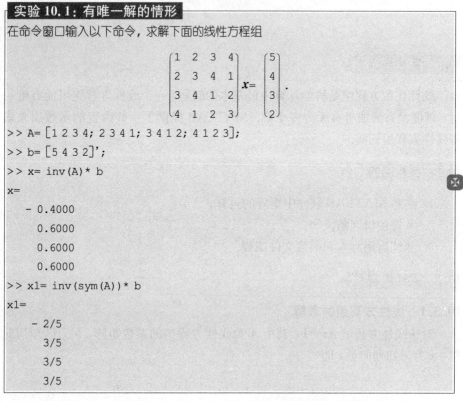

**实验 10.1: 有唯一解的情形**

在命令窗口输入以下命令, 求解下面的线性方程组

$$\begin{bmatrix} 1 & 2 & 3 & 4 \\ 2 & 3 & 4 & 1 \\ 3 & 4 & 1 & 2 \\ 4 & 1 & 2 & 3 \end{bmatrix} x = \begin{bmatrix} 5 \\ 4 \\ 3 \\ 2 \end{bmatrix}.$$

```
>> A= [1 2 3 4; 2 3 4 1; 3 4 1 2; 4 1 2 3];
>> b= [5 4 3 2]';
>> x= inv(A)* b
x=
   - 0.4000
     0.6000
     0.6000
     0.6000
>> x1= inv(sym(A))* b
x1=
   - 2/5
     3/5
     3/5
     3/5
```

　　(2) 当 rank($A$)=rank($C$)=$r$<$n$ 时, 线性方程组有无穷多解.

　　此时, 可以构造出线性方程组对应的齐次方程组 $Ax=0$ 的 $n-r$ 个线性无关解向量 $x_i(i=1, 2, \cdots, n-r)$, 则原线性方程组对应的齐次线性方程组的解 $\hat{x}$ 可以由一个特解和 $x_i$ 的线性组合的和来表示, 即

$$\hat{x} = x_0 + k_1 x_1 + k_2 x_2 + \cdots + k_{n-r} x_{n-r},$$

其中, $k_i(i=1, 2, \cdots, n-r)$ 为任意常数, $x_0$ 是满足 $Ax=b$ 的任意一个特解.

　　在 MATLAB 中, 线性方程组 $Ax=b$ 的基础解系可以由函数 null 直接求出, 它可以得到由列向量拼成的一个矩阵, 齐次方程组的任意一解都可以写成

该矩阵列向量的线性组合.

　　要求出线性方程组 $Ax=b$ 的全部解，只要能给出一个特解 $x^*$，满足 $Ax=b$ 即可. 在 MATLAB 中，线性方程组的特解可以由以下语句 x0＝A\b，或者 x＝pinv(A) * b 求出.

---

**实验 10.2：无穷多解的情形**

在命令窗口输入以下命令求解下面的线性方程组

$$\begin{pmatrix} 16 & 2 & 3 & 13 \\ 5 & 11 & 10 & 8 \\ 9 & 7 & 6 & 12 \\ 4 & 14 & 15 & 1 \end{pmatrix} x = \begin{pmatrix} 1 \\ -1 \\ -1 \\ 1 \end{pmatrix}.$$

```
>> A= magic(4);
>> b= [1- 1- 11]';
>> [rank(A), rank([Ab])]
ans=

    3   3
```

由于矩阵 $A$ 的秩与其增广矩阵相同，都等于 3 且小于未知数的个数 4，所以原方程组有无穷多组解，需要求出一个特解和基础解系.

```
>> x0= pinv(A)* b
x0=

    0.3000
  - 0.1000
    0.1000
  - 0.3000
>> x= null(A)
x=

    0.2236
    0.6708
  - 0.6708
  - 0.2236
```

类似地，可以考虑利用符号工具箱更精确地求解原问题，得出线性方程组的解析解.

```
>> x0= sym(pinv(A)* b)
x0=

    3/10
  - 1/10
    1/10
  - 3/10
```

```
>> x= null(sym(A))
x=
  - 1
  - 3
    3
    1
```

（3）若 rank($A$)＜rank($C$)，则方程组 $Ax=b$ 无解.

这时，只能求解出方程的最小二乘解，即使得方程组在某种意义下误差最小的解. MATLAB 的命令为 x= pinv(A)* b. 该解不满足原方程组，但能使误差的范数 $\|Ax-b\|$ 取最小值.

**实验 10.3：无解的情形**

在命令窗口输入以下命令讨论下面的线性方程组的求解

$$\begin{pmatrix} 16 & 2 & 3 & 13 \\ 5 & 11 & 10 & 8 \\ 9 & 7 & 6 & 12 \\ 4 & 14 & 15 & 1 \end{pmatrix} x = \begin{pmatrix} 1 \\ 2 \\ 3 \\ 4 \end{pmatrix}.$$

```
>> A= magic(4);
>> b= [1 2 3 4]';
>> [rank(A), rank([Ab])]
ans=
     3   4
>> x= pinv(A)* b
x=
   0.0235
   0.1235
   0.1235
   0.0235
>> norm(A* x- b)
ans=
   1.3416
```

在 MATLAB 中，对于线性方程组的求解也可以通过矩阵的除法（左除）来实现，即\符号也可用来求解线性方程组. 即使矩阵 $A$ 不是方阵（即方程组是超定的或者欠定的），此时也可以用 x= A\b 求出线性方程组 $Ax=b$ 的解，此时表示线性方程组 $Ax=b$ 的最小二乘解. 矩阵的除法还可以用来求解矩阵方程.

### 10.3.2 线性方程组实验

1. 化学方程式的配平

化学方程式的配平可以通过求解方程组来进行. 某些比较复杂的化学方程式可能会有多个解. 例如, 有下面的化学反应

$$FeS + KMnO_4 + H_2SO_4 \longrightarrow K_2SO_4 + MnSO_4 + Fe_2(SO_4)_3 + H_2O + S.$$

记每个反应物的配平系数为 $x_i$, 即有

$$x_1 FeS + x_2 KMnO_4 + x_3 H_2SO_4 \longrightarrow x_4 K_2SO_4 + x_5 MnSO_4 +$$
$$x_6 Fe_2(SO_4)_3 + x_7 H_2O + x_8 S,$$

则有

$$x_1 - 2x_6 = 0,$$
$$x_1 + x_3 - x_4 - x_5 - 3x_6 - x_8 = 0,$$
$$x_2 - 2x_4 = 0,$$
$$x_2 - x_5 = 0,$$
$$4x_2 + 4x_3 - 4x_4 - 4x_5 - 12x_6 - x_7 = 0,$$
$$2x_3 - 2x_7 = 0.$$

该问题可以求解如下:

**实验 10.4: 化学方程式配平**

在 MATLAB 命令行中如下输入

```
>> A=[1  0  0   0   0  -2   0   0
      1  0  1  -1  -1  -3   0  -1
      0  1  0  -2   0   0   0   0
      0  1  0   0  -1   0   0   0
      0  4  4  -4  -4 -12  -1   0
      0  0  2   0   0   0  -2   0];
>> N= null(sym(A));
>> 24* N(: , 1)+ 10* N(: , 2)
ans=
    10
     6
    24
     3
     6
     5
```

> 24
> 10
> 可以看出, 该化学反应可以有多种配平方式, 最后给出的系数只是其中的一种.

2. 计算电阻

电气工程领域中的一个常见问题是确定电路中各电阻的电流与各点电压, 通常使用基尔霍夫电流电压规则求解. 基尔霍夫电流规则是流过某节点的电流总和为零; 而电压规则为任意回路的电压降为零. 由此, 可以建立方程, 求出各电阻的电流值.

**实验 10.5: 利用基尔霍夫定律求解**

以图 10.1 的电路图为例, 试求解各电阻的电流. 每个电池组电压为 4V, 每个编号电阻的阻值即为其编号, 例如 1 号电阻值为 $1\Omega$.

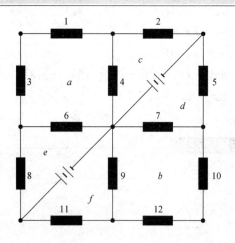

图 10.1　一个电路图

设编号为 $i$ 的电阻电流为 $x$, $i=1, 2, \cdots, 12$, 方向为朝下或者朝右, 如果计算出的结果为负值, 则说明假设的方向相反了. 讨论这个正方形网格的左上三个格点及右下三个格点, 可以建立方程组如下(记电流流出为正, 流入为负):

$$
\begin{cases}
x_1 + x_3 = 0, \\
-x_1 + x_2 + x_4 = 0, \\
x_8 + x_6 - x_3 = 0, \\
x_{12} - x_9 - x_{11} = 0, \\
-x_{12} - x_{10} = 0, \\
-x_5 - x_7 + x_{10} = 0.
\end{cases}
$$

利用标在图中的回路 $a$, $b$, $c$, $d$, $e$, $f$, 分别可以建立电压方程如下:

$$\begin{cases} 1x_1 + 4x_4 - 6x_6 - 3x_3 = 0, \\ 7x_7 + 10x_{10} - 12x_{12} - 9x_9 = 0, \\ -4x_4 + 2x_2 = 4, \\ 7x_7 - 5x_5 = 4, \\ -8x_8 + 6x_6 = 4, \\ 11x_{11} - 9x_9 = 4. \end{cases}$$

合并这两个方程组, 可以得到一个 12 个变量 12 个方程的方程组. 求解如下:

```
>> z4= zeros(1, 4);
>> z8= zeros(1, 8);
>> A=[1 0 1 0 z8
     - 1 1 0 1 z8
     0 0 - 1 0 0 1 0 1 z4
     z8 - 1 0 1 1
     z8 0 - 1 0 - 1
     z4 - 1 0 - 1 0 0 1 0 0
     1 0 - 3 4 0 - 6 0 0 z4
     z4 0 0 7 0 - 9 1 0 0 - 12
     0 2 0 - 4 z8
     z4 - 5 0 7 0 z4
     z4 0 6 0 - 8 z4
     z8 - 9 0 1 1 0];
>> b= zeros(12, 1);
>> b(9: 12)= 4;
>> x= A\b
x=
     0.5000
     1.0000
   - 0.5000
   - 0.5000
   - 0.2105
        0
     0.4211
   - 0.5000
     0.8421
     0.2105
```

1.0526
- 0.2105

可以看到，3，4，5，8，12 号电阻上的电流方向与假设方向相反．

## 10.4   练习题

1. 试求下面齐次线性方程组的基础解系．

$$\begin{pmatrix} 1 & 2 & 3 & 4 \\ 2 & 2 & 1 & 1 \\ 2 & 4 & 6 & 8 \\ 4 & 4 & 2 & 2 \end{pmatrix} x = \begin{pmatrix} 1 \\ 2 \\ 3 \\ 4 \end{pmatrix}.$$

2. 试求下面线性方程组的解析解和数值解，并验证解的正确性．

$$\begin{pmatrix} 2 & -9 & 3 & -2 & 6 \\ 10 & -2 & -7 & 4 & 0 \\ 8 & 4 & 6 & -6 & 9 \\ -5 & -6 & -6 & 2 & 3 \end{pmatrix} x = \begin{pmatrix} -2.9 \\ 2.7 \\ 4.5 \\ -1.9 \end{pmatrix}.$$

3. 试判定下面的线性方程组是否有解．

$$\begin{pmatrix} 16 & 2 & 3 & 13 \\ 5 & 11 & 10 & 8 \\ 9 & 4 & 6 & 2 \\ 4 & 14 & 15 & 2 \end{pmatrix} x = \begin{pmatrix} 1 \\ 3 \\ 4 \\ 8 \end{pmatrix}.$$

4. 配平下面的化学反应式

$$Al_2(SO_4)_3 + Na_2CO_3 + H_2O \longrightarrow Al(OH)_3 + CO_2 + Na_2SO_4.$$

5. 求出图 10.2 的电路图中 $a$，$b$ 两点间或者 $a$，$c$ 两点间的等效电阻．你能求出任意两个网格点间的等效电阻吗？

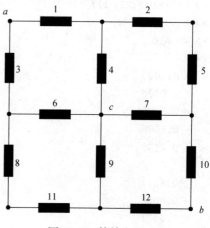

图 10.2   等效电阻

# 第 11 章　多项式和非线性方程

11.1　实验导读 ▶

多项式计算及相关的非线性方程的求解都是计算中常见的基本问题. MATLAB 内置了功能强大的算法，能够处理多项式及精确或近似地求解非线性方程. 很多实际问题最终都会转化为多项式计算或者非线性方程组的求根，但是这个转化的过程一般只能人工完成，需要提供 MATLAB 软件所需的数据才能进行计算.

11.2　实验目的 ▶

1. 熟悉 MATLAB 多项式工具箱；

2. 熟悉 MATLAB 求解非线性方程的精确方法和近似方法，并了解它们的区别.

11.3　实验内容 ▶

### 11.3.1　多项式的表示和计算

1. 多项式的表示方法

一个不超过 $n$ 次的多项式定义如下

$$p_n(x) = a_n x^n + a_{n-1} x^{n-1} + \cdots + a_1 x + a_0.$$

在 MATLAB 中，约定用以下行向量表示

$$p = [an, \cdots, a1, a0],$$

这样就把多项式问题转化为向量问题. 例如，$p = [1, 0, 0, -1]$ 表示 $p(x) = x^3 - 1$.

（1）系数向量直接输入法

由于在 MATLAB 中的多项式是以向量的形式存储的，因此，最简单的多

项式输入即为直接的向量输入, MATLAB 自动将向量元素按降幂顺序分配给各系数值.

---

**实验 11.1: 系数向量直接输入法**

在命令窗口输入多项式 $p = x^3 - 4x^2 + 7x - 31$.

```
>> p=[1, - 4, 7, - 31];
>> poly2sym(p)    % 命令 poly2sym 将多项式由向量形式转变为符号形式
ans=
    x^3- 4* x^2+ 7* x- 31
```

---

(2) 特征多项式输入法

多项式创建的另一个途径是从矩阵求其特征多项式获得, 由函数 poly 实现.

---

**实验 11.2: 特征多项式输入法**

在命令窗口输入以下命令, 体会其用途.

```
>> A=[1, 2, 3; 4, 5, 6; 7, 8, 0];
>> p= poly(A)
p=
   1.0000  - 6.0000  - 72.0000  - 27.0000
>> poly2sym(p)
ans=
    x^3- 6* x^2- 72* x- 27
```

---

**注意**　由特征多项式生成的多项式的首项系数一定是 1; $n$ 阶矩阵一般产生 $n$ 次多项式.

(3) 由根创建多项式

由给定的根也可产生其对应的多项式, 此功能仍然由函数 poly 实现.

---

**实验 11.3: 由根创建多项式**

在命令窗口输入以下命令, 体会其用途.

```
>> r=[1, 3, 7];
>> p= poly(r)
p=
   1  - 11  31  - 21
>> poly2sym(p)
ans=
    x^3- 11* x^2+ 31* x- 21
```

---

**注意**　有时生成的多项式向量 p 包含很小的虚部, 可用 real(p) 命令将其

过滤掉.

2. 多项式的运算

(1) 多项式的四则运算

多项式的加、减法，直接对多项式所对应的两个向量作加减运算即可，但要注意保证两个向量具有相同维数；多项式的乘法由函数 conv 来实现，此函数等同于向量的卷积；多项式的除法由函数 deconv 来实现，与向量的解卷积函数相同.

**实验 11.4: 多项式的四则运算**

在命令窗口输入以下命令，计算两多项式 $p = 2x^4 + x^3 - 5x + 3$，$q = x^2 + x + 1$ 的和、积、商.

```
>> p= [2, 1, 0, - 5, 3];
>> q= [1, 1, 1];
>> q0= [0, 0, 1, 1, 1];
>> p+ q0
ans=
    2  1  1  - 4  4
>> conv(p, q)
ans=
    2  3  3  - 4  - 2  - 2  3
>> [q1, r1]= deconv(p, q)
q1=
    2  - 1  - 1
q1=
    0  0  0  - 3  4
```

即两多项式相除，商为 $2x^2 - x - 1$，余多项式为 $-3x + 4$.

(2) 求多项式的根

求多项式的根有两种方法，一种是直接调用函数 roots，求解多项式的所有根；另一种是通过建立多项式的伴随矩阵再求其特征值的方法得到多项式的所有根.

**实验 11.5: 求多项式的根**

在命令窗口输入以下命令求多项式 $p = x^2 + 3x + 7$ 的根.

```
>> p= [1, 3, 7];
>> r= roots(p)
r =
 - 1.5000+ 2.1794i
 - 1.5000- 2.1794i
```

```
>> pc= compan(p);
>> eig(pc)
ans=
    - 1.5000+ 2.1794i
    - 1.5000- 2.1794i
```

（3）多项式的微分和赋值运算

多项式的微分可以有 polyder 实现，多项式的函数求值可以由函数 polyval 实现.

**实验 11.6：多项式的微分和求值运算**

在命令窗口输入以下命令，体会其用途.

```
>> p=[1, 0, 3, 5, 1];
>> d= polyder(p)
p=
   4  0  6  5
>> poly2sym(p)
ans=
    x^4+ 3* x^2+ 5* x+ 1
>> polyval(p, 1: 3)
ans=
   10  39  124
```

### 11.3.2　代数方程的求解

1. 图解法求解代数方程组

MATLAB 提供了很强的一元、二元隐函数绘制功能，充分利用这些功能就可以将一元、二元的方程用曲线表示，并由曲线的交点读出方程的实数根. 然而，方程的图解法是有局限性的，仅适用于一元、二元方程，多元方程是不能用图解法直接求解的.

下面由 MATLAB 提供的隐函数绘制函数 ezplot，通过例子演示一元方程的求根问题.

**实验 11.7：图解法求解代数方程**

**例题**　用图解法求解方程 $e^x- x^2= 10$.

**解**　用 ezplot 函数可以绘制出上述函数的曲线，该曲线与横轴的所有交点均是原一元方程的解.

```
>> ezplot('exp(x)- x^2- 10',[0, 5]);
>> hold on;
>> line([0, 5],[0, 0]);
```

从得到的曲线大体可以得到该方程根的范围. 如果想要得到稍微精确一点的值, 可以不断放大交点部分, 直到 $x$ 轴给出的各个标点的数值完全一致时, 则可以得到方程的一个解为 $x = 2.9188$.

2. 代数方程的符号解

MATLAB 符号工具箱中给出的 solve 函数可求出代数方程的符号解, 此函数对多项式类的方程是十分有效的, 在很多情况下可以用该函数求解出多项式方程所有的根(包括实数根和复数根).

### 实验 11.8: 方程求根

**例题**　用 solve 函数求解方程 $x^4 - x^2 + 2x - 1 = 0$.

**解**　在命令窗口输入如下:

```
>> solve('x^4- x^2+ 2* x- 1')
ans=
      5^(1/2)/2- 1/2
    - 5^(1/2)/2- 1/2
      (3^(1/2)* i)/2+ 1/2
      1/2- (3^(1/2)* i)/2
```

### 实验 11.9: 方程组求根

**例题**　用 solve 函数求解方程组

$$\begin{cases} x^2 + xy - y^2 = 1, \\ x^2 - xy - 3y^2 = 5. \end{cases}$$

**解**　在命令窗口输入如下:

```
>> [x, y]= solve('x^2+ x* y- y^2= 1', 'x^2- x* y- 3* y^2= 5')
x=
  - (17^(1/2)/2+ 1/2)^(1/2)/2- (17^(1/2)/2+ 1/2)^(3/2)/2
    (17^(1/2)/2+ 1/2)^(1/2)/2+ (17^(1/2)/2+ 1/2)^(3/2)/2
  - (1/2- 17^(1/2)/2)^(1/2)/2- (1/2- 17^(1/2)/2)^(3/2)/2
    (1/2- 17^(1/2)/2)^(1/2)/2+ (1/2- 17^(1/2)/2)^(3/2)/2
y=
    (17^(1/2)/2+ 1/2)^(1/2)
  - (17^(1/2)/2+ 1/2)^(1/2)
    (1/2- 17^(1/2)/2)^(1/2)
```

- (1/2- 17^(1/2)/2)^(1/2)

可以看到，该方程组总共有四组解.

MATLAB符号运算工具箱中提供的 solve 函数还可以直接实现带有参量的方程求解. 这样的求解用普通的数值解法是不能实现的. 然而，符号求解的方法并不是万能的，solve 函数适合求解多项式类方程或者求解可以转换为多项式的方程，但对更一般的方程是不能求解的，此时，只能用数值解法去求解.

3. 非线性方程的近似解

MATLAB 非线性方程的近似解求解函数为 fsolve. 该命令的调用格式为：fsolve('myfun'，x0). 这里，'myfun'是求解的非线性函数的名称，x0 是算法所需要的迭代初始点，它的分量个数应和方程的位置变量个数一致.

**实验 11.10：方程组近似求根**

**例题**  用 fsolve 函数求解方程组

$$\begin{cases} x^2 + yz - x = 6, \\ y^2 - xz + y = 3, \\ z^2 + xy - z = 8. \end{cases}$$

**解**  在文件窗口建立文件如下，保存为 myfun. m,

```
function v= myfun(x)
 v= [x(1)^2+ x(2)* x(3)- x(1)- 6
     x(2)^2- x(1)* x(3)+ x(2)- 3
     x(3)^2+ x(1)* x(2)- x(3)- 8];
```

在命令行调用如下

```
>> fsolve('myfun', [111]')

Equation solved.

fsolve completed because the vector of function values is near zero
as measured by the default value of the function tolerance, and
the problem appears regular as measured by the gradient.

< stopping criteria details>

ans=
    1.0000
    2.0000
    3.0000
>> fsolve('myfun', [- 10- 10- 10]')
```

```
Equation solved.
fsolve completed because the vector of function values is near zero
as measured by the default value of the function tolerance, and
the problem appears regular as measured by the gradient.

< stopping criteria details>
ans=
    - 0.3344
    - 2.4984
    - 2.2230
```

可以看到，方程若有多个解，使用不同的初始点会得到不同的答案.

### 11.3.3　多项式应用

由于多项式较为简单，可以实现下面的功能：输入一个多项式，以及输入一个区间的两端点，给出该区间所有可能的稳定点和拐点，以及满足中值定理的点.

**实验 11.11：稳定点、拐点及满足中值定理的点**

建立文件，并执行：

```
function polyapp(p, a, b)
  x= linspace(a, b, 1000);
  y= polyval(p, x);                      % 函数值
% 一阶导数
  p1= polyder(p);                        % 导函数
  x1= roots(p1);                         % 导函数零点
  x1= x1(abs(imag(x1))< = 1e- 8);        % 去除非实根
  x1= real(x1);
  x1= x1(a< = x1&x1< = b);               % 限制在区间内
  y1= polyval(p, x1);                    % 曲线上的稳定点
% 二阶导数
  p2= polyder(p1);
  x2= roots(p2);                         % 二阶导函数零点
  x2= x2(abs(imag(x2))< = 1e- 8);        % 去除非实根
  x2= real(x2);
  x2= x2(a< = x2&x2< = b);               % 限制在区间内
  y2= polyval(p, x2);                    % 曲线上的拐点
% 中值定理
  k= (y(end)- y(1))/(b- a);
```

```
p3= p1;
p3(end)= p3(end)- (y(end)- y(1))/(b- a);
x3= roots(p3);
x3= x3(abs(imag(x3))< = 1e- 8);            % 去除非实根
x3= real(x3);
x3= x3(a< = x3&x3< = b);                    % 限制在区间内
y3= polyval(p, x3);                        % 曲线上满足中值定理的点
% 画图
clf; hold on;
plot(x, y, 'b- ', x1, y1, 'r+ ', x2, y2, 'gp', x3, y3, 'c* ');
plot([a, b], [y(1), y(end)], 'k. - ');
t= (b- a)/20;
for j= 1: length(x3),
   plot(x3(j)+ t* [- 11], y3(j)+ t* [- k k], 'c- ');
end
```

在 MATLAB 命令行上运行 polyapp([1 0 −20 0 100 −1], −2, 4)求多项式 $p(x)=x^5-20x^3+100x-1$ 在区间[−2, 4]上的稳定点、拐点及满足中值定理的点.

　　图 11.1 中，标五角星的是拐点，加号的是稳定点，星号的是满足中值定理的点.

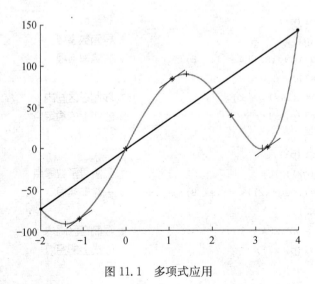

图 11.1　多项式应用

如果输入的多项式是 $p(x)$，则满足中值定理的点是下面方程的根

$$p'(x) = \frac{p(b) - p(a)}{b - a},$$

它也是某个多项式的零点，与多项式函数稳定点所满足的方程相对比，仅有常数项不一致.

## 11.4　练习题

1. 输入两个多项式 $p(x) = 3x^4 + 2x^2 - 1$，$q(x) = 3x^2 + 2x + 1$，并进行加、减、乘、除运算，注意它们的结果.

2. 输入任意两个多项式，求多项式的根，并进行逆运算.

3. 输入多项式 $p(x) = 20x^{20} + 19x^{19} + 18x^{18} + \cdots + x + 1$，求其一阶导数并求 $x = 0 : 0.2 : 2$ 时对应多项式的值.

4. 试用图解法和数值求解法分别求解方程：$5x^4 - \sin 2x = 0$.

5. 定义在区间 $[-1, 1]$ 上的 Legendre 多项式可以通过两种方式定义.

    (1) $P_0(x) = 1$，$P_1(x) = x$，$(n+1)P_{n+1}(x) = (2n+1)xP_n(x) - nP_{n-1}(x)$
    $(n = 1, 2, \cdots)$；

    (2) $P_n(x) = \dfrac{1}{2^n n!} \dfrac{\mathrm{d}^n}{\mathrm{d}x^n} \{(x^2 - 1)^n\}$，$n = 0, 1, 2, \cdots$.

    试分别采用两个定义，输入 $n$，画出 $P_n(x)$ 在区间 $[-1, 1]$ 上的图像.

6. 欧拉在 1771 年给出了一个有名的多项式 $n^2 + n + 41$，这个多项式在 $n = 0$，$1$，$2$，$\cdots$，$39$ 时的值都是质数. 当然，如果计算 $n = 40$ 时这个多项式的值，就得到了 $41^2$，因此是个合数. 你可以验证这个结论吗？试试多项式 $8n^2 - 488n + 7\,243$，并自己找些多项式尝试.

7. 输入有理函数的分子分母两个多项式函数，分片画出这个有理函数，并画出间断线，注意处理间断点附近的区域.

# 第 12 章　积分和数值积分实验

## 12.1　实验导读

函数 $f(x)$ 在某区间 $[a, b]$ 上有定义，若存在函数 $F(x)$，使得 $F'(x) = f(x)$，则称 $F(x)$ 为 $f(x)$ 的一个原函数，称 $f(x)$ 所有原函数的一般表达式 $F(x) + C$ 为 $f(x)$ 的不定积分. 记为 $\int f(x) \mathrm{d}x = F(x) + C$.

函数 $f(x)$ 在区间 $[a, b]$ 上有定义，若对于区间 $[a, b]$ 的任意划分 $a = x_0 < x_1 < x_2 < \cdots < x_n = b$，$d = \max\limits_{1 \leqslant i \leqslant n} |x_i - x_{i-1}|$，以及任意取值 $\xi_i \in [x_{i-1}, x_i]$，$i = 1, 2, \cdots, n$，极限 $\lim\limits_{d \to 0} \sum\limits_{i=1}^{n} f(\xi_i)(x_i - x_{i-1})$ 存在且唯一，则称函数 $f(x)$ 在区间 $[a, b]$ 上可积，并称极限值为 $f(x)$ 在区间 $[a, b]$ 上的定积分，记作 $\int_a^b f(x) \mathrm{d}x$.

若 $F(x)$ 是 $f(x)$ 的一个原函数，则有牛顿-莱布尼兹公式

$$\int_a^b f(x) \mathrm{d}x = F(b) - F(a).$$

除了直接符号计算求积分，很多不可积的函数可以用数值计算求积分的近似值. 与符号计算相比，数值计算是近似计算. 虽然如此，数值计算仍广泛应用于科学与工程研究领域、经济管理领域等，而 MATLAB 也正是凭借其卓越的数值计算能力而被熟知.

从形式上看，符号计算与数值计算最不相同的地方就是，进行符号计算之前必须声明符号变量(常用 syms 或 sym 进行声明).

通过本节的学习，读者能清晰地了解符号计算与数值计算在积分中的应用.

## 12.2　实验目的

1. 学会用 MATLAB 软件求函数的积分；

2. 学会用 MATLAB 软件计算数值积分.

## 12.3　实验内容

### 12.3.1　不定积分和定积分的精确计算

积分问题在 MATLAB 符号运算工具箱中可以使用 int 函数直接求出，该函数的调用格式如表 12.1 所示.

**表 12.1　积分基本 MATLAB 函数**

| int(f) | 计算 $f(\cdot)$ 的不定积分 |
|---|---|
| int(f, x) | 计算函数 $f$ 对变量 $x$ 的不定积分 |
| int(f, x, a, b) | 计算函数 $f$ 对变量 $x$ 在区间 $[a, b]$ 上的定积分 |
| int(int(f, y), x) | 计算不定积分 $\int \mathrm{d}x \int f(x, y)\mathrm{d}y$ |
| int(int(f, y, c, d), x, a, b) | 计算不定积分 $\int_a^b \mathrm{d}x \int_c^d f(x, y)\mathrm{d}y$ |

**实验 12.1：简单不定积分和定积分的计算**

在命令行上输入下面的命令，阅读执行结果，体会 int 的用法.

```
>> syms a b x y z t
>> g= a* b+ t;
>> int(g)
ans=
    (t* (t+ 2* a* b))/2
>> f= a* x^3+ t;
>> int(f, 0, y)
ans=
    (a* y^4)/4+ t* y
>> h= x* y+ z;
>> int(int(h, y, 0, 2), x, 0, t)
ans=
    t* (t+ 2* z)
```

有些时候，直接指明被积变量，程序可以变得更易读些，如 int(f, x, 0, y).

### 12.3.2　不定积分和定积分的近似计算

对于一元函数定积分 $I = \int_a^b f(x)\mathrm{d}x$ 在被积函数 $f(x)$ 理论上没有初等形式

的原函数时，即使计算机能力强大，也不一定能够求出该积分的精确解. 所以
在很多情形，往往要采用数值方法求解. 求解定积分的数值方法是多种多样
的，简单的如梯形法，Simpson(抛物型)法，Romberg 法等，这些都是数值分析
课程中经常介绍的方法(表 12.2).

**表 12.2　MATLAB 中的数值积分函数**

| trapz(x, y) | 用梯形公式计算数值积分 |
|---|---|
| quad(fun, a, b) | 计算函数 $f(x)$ 的定积分，缺省误差为 $10^{-6}$ |
| dblquad(fun, a, b, c, d) | 计算二重积分 $\int_a^b \mathrm{d}x \int_c^d f(x, y)\mathrm{d}y$ |
| triplequad(fun, a, b, c, d, m, n) | 计算三重积分 $\int_a^a \mathrm{d}x \int_c^d \mathrm{d}y \int_m^n f(x, y, z)\mathrm{d}z$ |

**实验 12. 2：梯形法求解数值积分**

**例题**　试用梯形法计算 $\sin x$ 和 $\cos x$ 在 $x \in [0, \pi]$ 内的定积分值.

**解**　在命令窗口输入如下

```
>> x= [0: pi/60: pi]';
>> y= [sin(x) cos(x)];
>> trapz(x, y)
ans=
    1.9995   0.0000
```

**实验 12. 3：数值积分**

**例题**　试用 quad 函数计算 $\int_0^2 \dfrac{3x^2}{x^3 - 2x^2 + 3}\mathrm{d}x$.

**解**　建立一个 M 文件，其内容为

```
function y= f1(x)
y= 3* x. ^2. /(x. ^3- 2* x. ^2+ 3);
```

在 MATLAB 输入命令如下：

```
>> S1= quad('f1', 0, 2)
S1=
    3.7224
>> f2= inline('3* x. ^2. /(x. ^3- 2* x. ^2+ 3)');
>> S2= quad(f2, 0, 2)
S2=
    3.7224
```

可以看到，用 M 文件定义的函数和用 inline 定义的内联函数，其使用方法

是不一样的，但都要求有向量功能.

### 实验 12.4：二重积分

**例题**　试计算二重积分 $J = \int_{-1}^{1} \mathrm{d}y \int_{-2}^{2} \mathrm{e}^{-\frac{x^2}{2}} \sin(x^2 + y)\mathrm{d}x.$

**解**　在命令窗口输入如下：

```
>> f3= inline('exp(- x. ^2/2). * sin(x. ^2+ y)', 'x', 'y');
>> J= dblquad(f3, - 2, 2, - 1, 1)
J=
    1.5745
```

你可以尝试和前一个例子一样的建立 M 文件的方法.

### 实验 12.5：三重积分

**例题**　用数值积分方法计算三重积分 $J = \int_{-1}^{1} \mathrm{d}x \int_{-1}^{1} \mathrm{d}y \int_{-1}^{1} \dfrac{\cos z^2\, \mathrm{e}^{-(x^2+y^2)}}{x^2 + y^2 + z^2 + 1}\mathrm{d}z.$

**解**　在命令窗口输入如下：

```
>> f4= inline('cos(z. ^2). * exp(- x. ^2- y. ^2). /(x. ^2+ y. ^2+ z. ^2+
1)');
>> triplequad(f4, - 1, 1, - 1, 1, - 1, 1)
ans=
    2.3930
```

## 12.3.3　一元微积分问题

### 实验 12.6：电缆长度

一条电缆假设在同样间距为 $2l = 100\mathrm{m}$ 的两座高塔上，电缆下垂最低处比高塔低 $f = 8\mathrm{m}$. 求电缆的长度?

1. 把电缆近似看成两段折线；

2. 把电缆近似看成抛物线；

3. 采用经验公式 $L = 2l\left(1 + \dfrac{2f^2}{3l^2}\right)$ 进行计算；

4. 自然下垂的电缆满足悬链线 $y = a\cosh\dfrac{x}{a} + b$，其中 $y$ 轴是电缆的对称轴，定出其中参数的值并求出电缆长度.

采用折线长度最为简单，例如下面的计算可得电缆近似长度为 101. 271 9 m. 当然也可以采用经验公式，此时电缆长度为 101. 706 7 m.

```
>> f= 8; l= 50;
>> L1= 2* norm([f l])
L1=
```

```
    101.2719
>> L3= 2* l* (1+ 2* f^2/(3* l^2))
L3=
    101.7067
```

以两塔连线为 $x$ 轴,电缆对称轴为 $y$ 轴建立坐标系,若把电缆看成抛物线,则该抛物线 $y = p(x)$ 经过 $(\pm 50, 0)$ 和 $(0, -8)$,则电缆长度为 $\int_{-50}^{50} \sqrt{1 + (p'(x))^2} \mathrm{d}x$. 因此,

```
>> x= [- 50 0 50];
>> y= [0 - 8 0];
>> p= polyfit(x, y, 2)
p=
    0.0032  0  - 8.0000
>> q= polyder(p);
>> h= inline('sqrt(1+ (polyval(q, x)). ^2)', 'x', 'q');
>> L2= quad(h, - 50, 50, 1e- 8, 0, q)
L2=
    101.6814
```

在这段程序中,$p$ 是经过三点的抛物线拟合,polyfit 是拟合的命令. $q$ 是 $p$ 的导函数,$h$ 是被积函数,若光滑曲线方程为 $y = f(x)$,它在 $[a, b]$ 区间上弧长为积分 $\int_a^b \sqrt{1 + (f'(x))^2} \mathrm{d}x$. 命令 quad(h, a, b, tol, trace, q) 中,各参数的意义分别是:$h$ 为被积函数,$a$,$b$ 为积分上下限,tol 为计算精度,trace 为跟踪中间计算过程得开关变量(0 为不跟踪,1 为跟踪),$q$ 为函数 $h$ 的其他参数,即可以计算函数 $h(x, q)$ 的积分(当然,对于某个指定的 $q$ 的值).

如果采用精确的悬链线的方式,函数表达式为 $y(x) = a \cosh \dfrac{x}{a} + b$,它同样经过点 $(\pm 50, 0)$ 和 $(0, -8)$. 因此有

$$a + b = 8 \quad \text{和} \quad a \cosh \frac{50}{a} + b = 0.$$

且 $y'(x) = \sinh \dfrac{x}{a}$. 计算积分的方式同抛物线的情形类似:

```
>> ff= inline('a* cosh(50/a)- a- 8');
>> a= fzero(ff, 100)
a=
```

```
    157.5656
>> hh= inline('sqrt(1+ (sinh(x/a)).^2)', 'x', 'a');
>> L4= quad(hh, - 50, 50, 1e- 8, 0, a)
L4=
    101.6868
```

第二行求非线性方程的根，第四行把这个根传给了被积函数 hh. 通过对比几个近似值可以看出：抛物线的方法精度很高，经验公式计算不涉及积分非常简单，且具有相当的精度.

### 12.3.4　梯形公式计算积分的演示

计算积分可有多种近似计算方式，如梯形公式：

$$\int_a^b f(x)\mathrm{d}x = \frac{b-a}{2}(f(a)+f(b)),$$

实际上就是把曲线 $y = f(x)$ 在区间 $[a, b]$ 两端点连接，以得到的梯形面积来近似原来的积分. 可以想象，这样积分精度不会很高. 可以把区间 $[a, b]$ 分成多份，$a = x_0 < x_1 < x_2 < \cdots < x_n = b$，则

$$\int_a^b f(x)\mathrm{d}x = \sum_{i=1}^n \int_{x_{i-1}}^{x_i} f(x)\mathrm{d}x \approx \sum_{i=1}^n \frac{x_i - x_{i-1}}{2}(f(x_{i-1})+f(x_i)).$$

特别地，当 $\Delta x = x_i - x_{i-1}$ 为常数，即这些分点是 $n$ 等分点时，

$$\int_a^b f(x)\mathrm{d}x \approx \sum_{i=1}^n \frac{x_i - x_{i-1}}{2}(f(x_{i-1})+f(x_i))$$

$$= \frac{b-a}{2n}\left(f(x_0) + 2\sum_{i=1}^{n-1} f(x_i) + f(x_n)\right).$$

下面的程序动态演示了等分点逐渐加倍的过程，并把积分的近似值画在图上.

**实验 12.7：加倍等分的梯形积分**

建立文件，并运行：

```
function txjf(f, a, b)
  s0= quad(f, a, b, 1e- 10);
  for k= 1: 8,
    n= 2^k;
    x= linspace(a, b, n+ 1);
    y= feval(f, x);
    z= 2* sum(y(2: end- 1));
```

```
    s= (b- a)/2/n* (y(1)+ z+ y(end));
    clf; hold on;
    for i= 1: n,
        fill([x(i)x(i+ 1)x(i+ 1)x(i)], [y(i)y(i+ 1)00], 'c');
    end
    title(num2str(abs((s- s0)/s0)), 'fontsize', 12);
    pause(1);
  end
```

在命令行上输入

```
>> f= inline('3* cos(x). ^2+ exp(- x+ 1)');
>> txjf(f, 0, 3)
```

可以看到这个演示. 换个函数试试, 也可以尝试写段程序画出误差与等分点个数之间的关系图.

## 12.4　练习题

1. 计算 $\displaystyle\int \frac{1}{\sin^2 x \cos^2 x} \mathrm{d}x$.

2. 计算 $\displaystyle\int_1^2 \mathrm{e}^{-x^2} \mathrm{d}x$.

3. 计算 $\displaystyle\int_0^1 \int_x^{x+1} (x^2 + y^2 + 1) \mathrm{d}x\mathrm{d}y$.

4. 计算 $\displaystyle\int_0^{\frac{\pi}{2}} \sqrt{1 - \sin 2x} \mathrm{d}x$.

5. 计算 $\displaystyle\int x\mathrm{e}^{\alpha x} \cos bx \, \mathrm{d}x$.

6. 计算 $\displaystyle\int_0^{+\infty} \frac{\cos x}{\sqrt{x}} \mathrm{d}x$.

7. 计算 $\displaystyle\int x^2 \ln x^2 \, \mathrm{d}x$.

8. 一个河道在某截面水流流速为 $25 \text{ km/h}$ 时, 在该截面某点河水深度与该点距一岸的距离有如下关系

| 距离 /m | 0 | 2 | 4 | 6 | 8 | 10 | 12 | 14 | 16 | 18 |
|---|---|---|---|---|---|---|---|---|---|---|
| 深度 /m | 0 | 2.3 | 2.7 | 2.9 | 3.3 | 3.4 | 3.5 | 3.0 | 1.8 | 0 |

近似计算河道在该截面的流量.

9. 抛物型积分的计算公式为 $\int_a^b f(x)\mathrm{d}x = \dfrac{b-a}{6}\left(f(a) + 4f\left(\dfrac{a+b}{2}\right) + f(b)\right)$. 尝试利用这个公式做一个演示.

# 第 13 章　Monte Carlo 模拟

## 13.1　实验导读

Monte Carlo 方法，也称为统计模拟方法，是一种重要的计算方法，随着计算机的发明和发展而普及. 它可以模拟和随机事件相关的问题，也可以用来求解一些确定性的问题，与它对应的方法是确定性方法. 在诸如金融工程、经济学、计算物理学、热物理等学科，Monte Carlo 方法都有着重要的应用.

## 13.2　实验目的

1. 学会 Monte Carlo 方法的基本思想；
2. 学会实际操作 Monte Carlo 方法解决一些简单问题.

## 13.3　实验内容

### 13.3.1　Monte Carlo 方法计算积分

Monte Carlo 方法可以用来计算积分. 例如，计算积分 $I = \int_a^b f(x)\mathrm{d}x$，相当于求解右曲线 $y = f(x)$，$a \leqslant x \leqslant b$ 与 $x$ 坐标轴及 $x = a$，$x = b$ 围成的曲边梯形的面积. 若可以估计 $f(x)$ 的范围，把该曲边梯形放在某个面积为 $S$ 的矩形内，此时向矩形内部随机产生 $M$ 个点，这些点其中有 $N$ 个落在曲边梯形内，则有

$$\frac{N}{M} \approx \frac{1}{S}I = \frac{1}{S}\int_a^b f(x)\mathrm{d}x.$$

这要 $M$ 足够大，由这个公式就可以近似计算出这个曲边梯形的面积，即得到积分值.

---

**实验 13.1：Monte Carlo 法求积分**

**例题**　当 $a = 10$ 时，计算箕舌线 $y(x) = \dfrac{8a^3}{x^2 + 4a^2}$ 在区间 $[-a, a]$ 上围城的曲边梯形的面积 $\int_{-a}^a y(x)\mathrm{d}x$.

**解**　函数 $y = y(x)$ 的最大值由 $x = 0$ 时得到，$y_{max} = y(0) = 2a$．产生包含曲边梯形的矩形 $[-a, a] \times [0, 2a]$．建立函数，做如下模拟

```
function S= mc1(a)
  y= inline('8* a^3. /(x. ^2+ 4* a^2)', 'x', 'a');
  ymax= 2* a;
% xx= linspace(- a, a, 2000);
% yy= y(xx, a);
% plot([- axxa- a], [0yy00], 'r- ');
% hold on;
  M= 1e4;
  N= 0;
  for k= 1: M,
    xr= rand* (2* a)- a;
    yr= rand* (2* a);
    if yr< y(xr, a), % 在曲边梯形内
      N= N+ 1;
% plot(xr, yr, 'r. ');
% else
% plot(xr, yr, 'b. ');
    end
% axis('equal');
% pause(0.001);
  end
  S= N/M* (2* a)^2;
```

在命令行上运行 S=mc1(10)，可以得到近似值 370.752 0．如果要显示这个随机投点的过程，可以把上面程序中注释的 % 全部去掉．rand 产生 $[0, 1]$ 区间上的均匀分布的随机数 $x$，若要产生 $[a, b]$ 区间上的均匀分布的随机数，可以令 $y = (b-a)x + a$．当然，由下面的方式，可以计算出该积分的精确值：

```
>> syms  a  x
>> y= 8* a^3/(x^2+ 4* a^2);
>> Y= int(y, x, - a, a)
Y=
   8* a^2* atan(1/2)
>> subs(Y, a, 10)
ans=
   370.9181
```

注意不是所有积分都可以计算出精确值. 此外, 程序中的 ymax 不需要是精确的最大, 只需要比最大值大一些即可. 利用 MATLAB 的向量功能, 可以把上述的程序运行得快一些:

```
function S= mc2(a)
  y= inline('8* a^3. /(x. ^2+ 4* a^2)', 'x', 'a');
  ymax= 2* a;
% xx= linspace(- a, a, 2000);
% yy= y(xx, a);
% plot([- axxa- a], [0yy00], 'r- ');
% hold on;
  M= 1e4;
  xr= rand(1, M)* (2* a)- a;
  yr= rand(1, M)* (2* a);
  ind= find(yr< y(xr, a)); % 在曲边梯形内
  N= length(ind);
% plot(xr, yr, 'b. ');
% plot(xr(ind), yr(ind), 'r. ');
% axis('equal');
  S= N/M* (2* a)^2;
```

可以尝试少写些程序, 尤其是 for 循环, 并且能加快程序运行的效率. MATLAB 的内部程序 quad 可以算出近似值:

```
>> y= inline('8* a^3. /(x. ^2+ 4* a^2)', 'x', 'a');
>> quad(y, - 10, 10, 1e- 10, 0, 10)
ans=
    370.918087200645
```

其中, 第 2, 3 个输入参数为积分区间, 第 4 个参数为积分精度, 第 5 个参数为跟踪变量 (0 不跟踪, 1 跟踪), 第 6 个参数为 a 的值. 可以自己运行查看结果.

同样的原理, Monte Carlo 方法可以用来计算曲线围成的面积. 例如:

**实验 13. 2: Monte Carlo 计算面积**

**例题** 当 $a = 10$ 时, 求星形线 $x^{2/3} + y^{2/3} = a^{2/3}$ 围成的面积.

**解** 容易得到, 星形线围成的图形落在正方形 $[-a, a] \times [-a, a]$ 区域内. 因此, 产生该区域内随机的点, 判断是否落在星形线内即可.

```
function S= mc3(a)
  t= linspace(0, 2* pi, 200);
  f= inline('t. ^2. ^(1/3)', 't');
```

```
xx= f(cos(t));
yy= f(sin(t));
plot(xx, yy, 'r- ', [- a- a a a- a], [- a a a- a- a], 'b- ');
hold on;
M= 1e4;
xr= rand(1, M)* (2* a)- a;
yr= rand(1, M)* (2* a)- a;
ind= find(f(xr)+ f(yr)< = f(a)); % 在星形内
N= length(ind);
plot(xr, yr, 'b. ');
plot(xr(ind), yr(ind), 'r. ');
axis('equal');
S= N/M* (2* a)^2;
```

运行这段程序, 可以得到当 a=10 时星形线围成的面积为 119.6000, 模拟图见图 13.1.

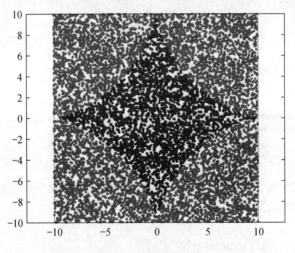

图 13.1　星形的面积

### 实验 13.3: Monte Carlo 方法计算体积

**例题**　求二维积分 $\iint_\Omega \dfrac{\sin^2 x + \cos^2 y}{x^2 + y^2 + 1}\mathrm{d}x\mathrm{d}y$, 其中 $\Omega = \{(x, y) \mid -1 \leqslant x \leqslant 1, -1 \leqslant y \leqslant 1\}$.

**解**　该积分相当于求曲面 $z(x, y) = \dfrac{\sin^2 x + \cos^2 y}{x^2 + y^2 + 1}$ 下方的曲面柱形的体积. 虽然 $z(x, y)$ 的最大值不易求得, 但易有估计 $0 \leqslant z(x, y) \leqslant 2$. 因此, 可以把需要计算体积的三维区域放在 $[-1, 1] \times [-1, 1] \times [0, 2]$ 内.

```
function S= mc3d
  f= inline('(sin(x). ^2+ cos(y). ^2). /(x. ^2+ y. ^2+ 1)');
  M= 1e5;
  P= rand(M, 3)* 2; % [0, 2]上的均匀分布随机数
  xr= P(:, 1)- 1;
  yr= P(:, 2)- 1;
  zr= P(:, 3);
  N= sum(zr< = f(xr, yr));
  S= N/M* 2^3;
```

在命令行上运行 mc3d, 可以得到积分的近似值为 2.5554. 而

```
>> f= inline('(sin(x). ^2+ cos(y). ^2). /(x. ^2+ y. ^2+ 1)');
>> dblquad(f, - 1, 1, - 1, 1, 1e- 10)
ans=
    2.55804140747932
```

可以进行二维积分. 当然, 这个命令仅能对方形区域积分.

### 13.3.2　Monte Carlo 方法求解简单优化问题

Monte Carlo 方法可以用来求多元函数的最值问题.

**实验 13.4: Monte Carlo 方法求解多元函数最值**

**例题**　求函数 $z = (\cos x^2 + \sin^2 y)(\sin^2 x + \cos y^2)$ 在正方形区域$[-4, 4] \times [-4, 4]$内的最大值.

**解**　产生正方形区域内的随机的点, 计算个点的函数值, 一旦某个函数值比已经保存的最大值来得大, 就记录下该点及其函数值. 因此, 可以模拟如下

```
function mc4
  f= input('a2- variablefun: ', 's');
  if isempty(f),
    f= '(cos(x. ^2)+ sin(y). ^2). * (sin(x). ^2+ cos(y. ^2))';
  end
  f= inline(f);
  b= 4;
  x= linspace(- b, b, 40);
  [X, Y]= meshgrid(x);
  Z= f(X, Y);
  contour(X, Y, Z, 40);
```

```
hold on;
fmax= - inf;
for k= 1: 1e5,
  xr= rand* 2* b- b;
  yr= rand* 2* b- b;
  fr= f(xr, yr);
  if fr> fmax,
    fmax= fr
    plot(xr, yr, 'r. ');
    text(xr, yr, num2str(fr));
    axis('equal');
    pause(0.01);
  end
end
```

这里, 为了演示的方便, 把计算过程中得到的每个当前的最大值都标在等高线图上. 演示时, 若不想输入表达式, 可以直接按回车.

**实验 13.5: Monte Carlo 模拟实例**

**例题**　小张在报亭卖一种半月刊杂志, 平均每次进货能卖掉 120 本, 最多时也没超过 150 本, 低时不少于 90 本. 目前这本半月刊杂志进价 1.00 元, 零售价 1.50 元, 若卖不完回收给报刊公司就只能值 0.10 元. 请问小张每半月应进货多少本? 若报刊公司为了提倡环保, 准备提高回收价格, 请问这对于小张的利润有何影响?

**解**　小张的进货数量应该按照平均意义才能有最优的解释. 长期来看, 可以假设需求量满足正态分布, 且均值为 120 本, 按照 $3\sigma$ 原则, 可以假设标准差为 $10(=(150-120)/3)$ 本. 所以每半月的需求量满足 $X \sim N(120, 10^2)$, 即均值为 120, 标准差为 10 的正态分布. 若设小张进货量为 $x$ 本, 则小张能卖出 $\max(x, X)$ 本, 而有 $x-\max(x, X)$ 本滞销. 所以小张的利润为

$$(1.50-1.00)\min(x, X)-(1.00-0.10)(x-\min(x, X)).$$

小张的目标应该是使这个函数在平均意义下达到最大. 因此, 就可以有下面的模拟

```
function[best_profit, best_x]= mag(p0, p1, p2, x0, xmax)
  if nargin< 5,      xmax= 150; % 乐观的销售量
    if nargin< 4,    x0= 120; % 平均销售量
      if nargin< 3,  p2= 1.50; % 零售价
        if nargin< 2, p1= 1.00; % 进货价
```

```
        if nargin< 1, p0= 0.10; % 回收价
        end; end; end; end; end;
  sigma= (xmax- x0)/3; % 3- sigma 原则
  N= 2000;
  best_profit= 0;
  best_x= 0;
  for x= x0- 3* sigma: x0+ 3* sigma,
    X= round(normrnd(x0, sigma, N, 1));
    profit= (p2- p1)* min(x, X)- (p1- p0)* (x- min(x, X));
    profit= mean(profit);
    if profit> best_profit,
      best_profit= profit;
      best_x= x;
    end
  end
```

这样, 小张每半月的进货量最佳值应该是 116 本:

```
>> [bestprofit, bestx]= mag
bestprofit=
          55.0299000000001
bestx=
      116
```

想一想, 你还可以有更好的方法来寻找最优的进货量. 当回收价格提升时, 为了搞清楚对小张利润的影响, 可以画出利润和回收价格的"函数"关系:

```
% mag2. m
p0= 0.10: 0.01: 0.50;
for k= 1: length(p0),
  [best_profit, best_x]= mag(p0(k));
  profit(k)= best_profit;
end
plot(p0, profit);
```

可以在 MATLAB 的命令行上查看这个图像(图 13.2).

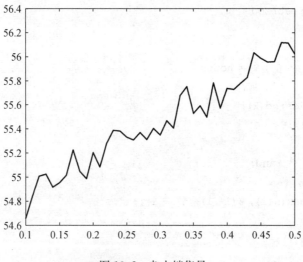

图 13.2　杂志销售量

### 13.3.3　Monte Carlo 模拟排队现象

排队现象是一种常见的与概率相关的现象. 描述一个排队现象, 最基本的要素包括: 服务窗口的数量, 每个顾客到达窗口的实践间隔分布, 每个顾客服务时间分布. 当然, 排队现象可能还包含其他的要素, 例如, 窗口容量(即最长队长), 顾客的忍耐程度(不愿意排队的个体)等. 通常的, 顾客到达间隔服从 Poisson 分布, 而服务时间服从负指数分布.

**实验 13.6: 快餐店有**

**例题**　某个快餐店有一个专门的窗口经营一种快餐食品, 顾客到达的概率服从均值为 2 分钟的 Poisson 分布, 服务时间满足 1 分钟到 4 分钟的均匀分布. 当顾客排队人数多于 10 人时, 后来的顾客有 80% 的可能就不排队购买这种食品了. 请问, 在 4 个小时时间内, 该快餐店能服务多少顾客?

**解**　设每个顾客(第 $i$ 个)与前一个顾客的间隔为 $t_i$, 服从均值为 2 分钟的 Poisson 分布, 可以用 poissrnd(2) 产生. 因此每个顾客到达的时间为 $a_i = \sum_{k=1}^{i} t_i$. 若每个顾客服务时间为 $s_i$, 服从 $[1,4]$ 上的均匀分布(单位: 分钟), 可以用 $1+3 * \text{rand}$ 产生. 这样, 第 $i$ 个顾客的开始服务时间 $w_i$ 为 $w_i = \max\{a_i, W_{i-1}+s_{i-1}\}$, 即上一位顾客服务结束后且自己到来后才可以开始接受服务. 每个顾客结束服务离开的时间为 $w_i+s_i$. 因此, 每个顾客到来时, 正在服务的顾客的编号为 $k_i = \min\{k \mid w_k+s_k \geqslant a_i\}$, 因此排队长度为 $i-k_i+1$. 最后, 可以用 $\text{rand} \leqslant 0.8$ 来得到概率为 80% 的事件.

```
function i= fastfood
  T= 0;
  i= 0;
  while T< = 4* 60, %  4 hours
    i= i+ 1;
    t(i)= poissrnd(2);
    T= T+ t(i);
    a(i)= T;
    s(i)= 1+ 3* rand;
    if i> = 2,
      w(i)= max(a(i), W(i- 1)+ s(i- 1));
    else
      w(i)= a(i);
    end
    l(i)= w(i)+ s(i);
    k= find(l> = a(i));
    q(i)= i- min(k)+ 1;
% [i, t(i), a(i), s(i), T, W(i), l(i), min(k), q(i)]
    if q(i)> 10,
      if rand< = 0.8,
        i= i- 1; %  leave
      end
    end
  end
```

运行这段程序,可以得到在 4 个小时内服务顾客数大约在区间[95, 113]中. 如果想查看模拟过程中的状态,可以把 18 行的百分号去掉.

## 13.4　练习题

1. 计算 $g(k) = \int_0^\pi \frac{\sin kx}{x} \mathrm{d}x$,当 $k = 10$ 的函数值,其中被积函数在零点的值由右极限定义. 你能画出 $g(k)$ 在 $k \in [1, 10]$ 的函数图像吗?

2. 计算摆线 $x = a(\theta - \sin\theta)$, $y = a(1 - \cos\theta)$ 在一个周期内 $0 \leqslant \theta \leqslant 2\pi$ 与 $x$ 轴围成的面积,其中参数 $a = 10$.

3. 计算由两个圆柱面围成的空间图形的体积: $\{(x, y, z) \mid x^2 + y^2 \leqslant 1, x^2 + z^2 \leqslant 1\}$,该形状也称为牟合方盖.

4. 利用 Monte Carlo 方法模拟求下面函数的最小值：$z = z(x, y) = \cos x^2 \sin^2 y + \sin^2 x \cos y^2$.

5. 生日悖论说的是，随机抽取 23 个人，他们中有超过 50% 的可能至少两人同一天生日．利用 Monte Carlo 方法，随机生成 23 个人的生日，多次验证给出这个概率的值（你能精确算出这个值吗？）．至少要有多少人，才能使得随机抽取时至少有两人同一天生日的可能性大于 90%？

6. 英语的各个字母在正常的英文文献或者书籍中出现的频率是一定的，且各个字母都各不相同，例如，字母 e，s 等出现得最为频繁．输入一段英文，统计各个字母出现的频率以及各个字母组合出现的频率，不同长度单词出现的频率．你能用计算机写一短段随机字母组成的话，让它看起来像一段英文吗（与正常的英文有相同的字频，字母组合的频率及单词长度的频率）？

7. 小李在超市经营一种瓶装牛奶，该牛奶每瓶进货价 14 元，超市销售价每瓶 18 元，当天卖不完的第二天降价 15 元销售，第三天就卖不出去了．每天前来购买牛奶的顾客数量服从均值为 100 标准差为 10 的正态分布，其中有 25% 的顾客会买昨天的牛奶．请问小李的最佳进货量应该是多少？

8. 在快餐店问题中，如果要服务 200 个顾客需要多长的时间？

# 第14章 数 的 赛 跑

数，这个我们最熟悉的伙伴，却一直还在挑战人类智力的极限.

大约在 4000 年以前，苏美尔人和巴比伦人在他们的日常生活中使用了一种类似于今天六十进制的通过符号表示的数. 公元前 13 世纪埃及开始使用一种象形符号表示的十进制的数，特别地，埃及人发明了一种处理分数的系统，罗马人也创造了一套罗马系统. 而今天使用的十进制其实来自于巴比伦人，其后被印度人改进.

圆周率 π 是数学中最著名的数，它表示圆的周长和它的直径的比值. π 这个符号的提出要归功于现在少有人知的威廉·琼斯，他是一个威尔士数学家，在 18 世纪初担任伦敦皇家学会的副主席. 物理学家和数学家欧拉进一步推广了圆周率在物理、天文和地理等各种领域中的应用. 从古至今，圆周率 π 的计算一直挑战着人类的智力的极限，人们为此设计出了很多精巧的计算方法.

约公元前 3 世纪初，古希腊欧几里得《几何原本》中提到圆周率是常数. 约公元前 2 世纪，中国古算书《周髀算经》中有"径一而周三"的记载，也认为圆周率是常数. 历史上曾采用过圆周率的多种近似值，早期大都是通过实验而得到的结果，如古埃及纸草书（约公元前 1700）中取 $\pi = \left(\dfrac{4}{3}\right)^4 = 3.160\ 4$.

第一个用科学方法寻求圆周率数值的人是阿基米德，公元前 3 世纪他在《圆的度量》中用圆内接和外切正多边形的周长确定圆周长的上下界，从正六边形开始，逐次加倍计算到正 96 边形，估算出 π 的值处在 $\dfrac{223}{71}$ 和 $\dfrac{220}{70}$ 之间，开创了圆周率计算的几何方法（亦称古典方法，或阿基米德方法），得出精确到小数点后两位的 π 值.

中国数学家刘徽在注释《九章算术》（公元 263 年）时只用圆内接正多边形就求得 π 的近似值，也精确到两位小数，他的方法被后人称为割圆术. 刘徽用割圆术一直算到圆内接正 192 边形. 约 5 世纪下半叶, 南北朝时代数学家祖冲之进一步得出精确到小数点后 7 位的 π 值, 给出不足近似值 3.141 592 6 和过剩近似值 3.141 592 7, 还得到两个近似分数值, 密率 355/113 和约率 22/7. 其中的密率在西方直到 1573 年才由德国人奥托得到, 1625 年发表于荷兰工程师安托尼斯的著作中, 欧洲称之为安托尼斯率.

阿拉伯数学家卡西在 15 世纪初求得圆周率 17 位精确小数值, 打破祖冲之保持近千年的纪录.

## 14.2　实验目的

1. 熟悉连分数展开方式;
2. 了解无理数的各种展开方式;
3. 了解高精度计算方式.

## 14.3　实验内容

### 14.3.1　连分式

我们知道, $\sqrt{2}-1=\dfrac{1}{\sqrt{2}+1}$, 因此,

$$\sqrt{2}=1+\cfrac{1}{1+\sqrt{2}}=1+\cfrac{1}{1+1+\cfrac{1}{1+\sqrt{2}}}=\cdots=1+\cfrac{1}{2+\cfrac{1}{2+\cfrac{1}{\ddots}}}.$$

为节省空间, 常把最后上式写成

$$1+\frac{1}{2}+\frac{1}{2}+\frac{1}{2}+\frac{1}{2}+\cdots$$

或者 [1; 2, 2, 2, …], 如果每次计算分子都是 1.

---

**实验 14.1: 连分数的计算**

下面的程序计算一个连分式(如果每次计算分数时分子都是 1)的值:

```
function[n, d]= cfrac(varargin)
  L= length(varargin);
  if L> 1,
    for k= 1:L,
      a(k)= varargin{k};
    end
  else
```

```
  a= varargin{1};
  L= length(a);
end
n= a(L);
d= 1;
for k= L- 1: - 1: 1,
  t= n;
  n= a(k)* n+ d;
  d= t;
end
if nargout= = 1,
  n= n/d;
end
```

可以做如下调用

```
>> [r, d]= cfrac([1, 2, 2, 2, 2, 2, 2, 2, 2]);
>> [r, d]= cfrac(1, 2, 2, 2, 2, 2, 2, 2, 2)
r=
   1393
d=
   985
>> r/d- sqrt(2)
ans=
   - 3.6440355200007e- 07
```

连分数的分母可以以向量形式输入，或者以不定的输入参数形式(varargin)输入. 输出变量也可以是 1 个或者 2 个，这时 nargout 的值不相同，该变量和 nargin 变量的用法是一样的.

如果有精确值，可以把一个无理数展开成连分数的形式. 例如，对于 $\pi= 3.141\,592\,6\cdots$，它可以写成 $3+\dfrac{1}{x}$，即 $[3; x]$，其中 $x=\dfrac{1}{\pi-3}= 7.062\,513\,305\,931\,05\cdots$；因此，它又进一步可以写成 $[3; 7, y]$，其中 $y=\dfrac{1}{x-7}= 15.996\,594\,406\,684\,1$；因此，$\pi=[3; 7, 15, z]$，其中 $z=\dfrac{1}{y-15}$. 可以继续这个过程，得到

$$\pi= [3; 7, 15, 1, 292, 1, 1, \cdots].$$

实验 14.2：无理数转化为连分数

下面的程序将一个无理数转化为连分数 (如果是有理数, 它将在一个特定的步骤中结束).

```
function d= num2cf(x, len)
  if nargin< 2, len= 10; end
  d= [];
  for k= 1: len,
    d= [d floor(x)];
    if d(k)~ = x,
      x= 1/(x- d(k));
    else
      return;
    end
  end
```

你可以在命令行上调用这个程序:

```
>> num2cf(sqrt(2))
ans=
    1 2 2 2 2 2 2 2 2 2
>> num2cf(pi)
ans=
    3 7 15 1 292 1 1 1 2 1
>> num2cf((sqrt(5)+ 1)/2)
ans=
    1 1 1 1 1 1 1 1 1 1
```

也可以试试别的无理数, 或者有理数 (注意: 可能有误差的原因, 连分数并不会及时结束).

取 $\pi$ 的连分数的第二级 $[3；7]$ 得到 $\frac{22}{7}$; 取 $\pi$ 的连分数的第四级 $[3；7, 15, 1]$ 得到 $\frac{355}{113}$: 它是 $\pi$ 非常好的近似值, 精度已达到 7 位小数.

若不限定计算分数时分子都是 1, 则 $\pi$ 等无理数还有许多非常漂亮的连分数表达式. 例如

$$\frac{4}{\pi}=1+\cfrac{1}{3+\cfrac{4}{5+\cfrac{9}{7+\cfrac{16}{9+\cfrac{25}{11+\ddots}}}}}=1+\cfrac{1}{2+\cfrac{9}{2+\cfrac{25}{2+\cfrac{49}{2+\cfrac{81}{2+\ddots}}}}}.$$

### 14.3.2  级数

法国大数学家韦达给出的史上第一个关于 $\pi$ 的公式:

$$\pi=2\cdot\frac{2}{\sqrt{2}}\cdot\frac{2}{\sqrt{2+\sqrt{2}}}\cdot\frac{2}{\sqrt{2+\sqrt{2+\sqrt{2}}}}\cdots.$$

注意到, 这个无穷的根式结构以及整个公式只用到了数字 2! 德国数学家柯伦于 1596 年将 $\pi$ 值算到 20 位小数值, 之后投入毕生精力, 于 1610 年算到小数后35 位数.

$\pi$ 可以从一个无穷级数算得. 1674 年, 莱布尼茨也提出了如下著名的公式

$$\frac{\pi}{4}=1-\frac{1}{3}+\frac{1}{5}-\frac{1}{7}+\frac{1}{9}-\frac{1}{11}+\cdots.$$

它被称为莱布尼茨级数, 但它收敛到 $\pi$ 的速度极其缓慢, 计算是几乎不可能的. 欧拉找到了另一个可以收敛到 $\pi$ 的漂亮公式:

$$\frac{\pi^2}{6}=1+\frac{1}{2^2}+\frac{1}{3^2}+\frac{1}{4^2}+\frac{1}{5^2}+\frac{1}{6^2}+\cdots.$$

英国数学家沃利斯给出了另一个用无穷乘积表示 $\pi$ 的公式:

$$\frac{\pi}{2}=\prod_{n=1}^{\infty}\left(\frac{(2n)^2}{(2n-1)(2n+1)}\right).$$

随着无穷乘积式、无穷连分数、无穷级数等各种 $\pi$ 值表达式纷纷出现, $\pi$ 值计算精度也迅速增加. 1706 年英国数学家梅钦计算 $\pi$ 值突破 100 位小数大关, 此时这位数学家仅 26 岁. 之后的所有级数计算圆周率的公式都叫做"类梅钦公式". 这个公式是这样的:

$$\frac{\pi}{4}=4\arctan\left(\frac{1}{5}\right)-\arctan\left(\frac{1}{239}\right).$$

真正计算时, 只需要把这两个反正切写成 Taylor 级数就可以了.

1995 年, 由 D. Bailey, P. Borwein 和 S. Plouffe 共同发表了下面的圆周率的计算公式(BBP 公式):

$$\pi = \sum_{n=1}^{+\infty} \frac{1}{16^n}\left(\frac{4}{8n+1} - \frac{2}{8n+4} - \frac{1}{8n+5} - \frac{1}{8n+6}\right).$$

该公式是一个非常快的计算圆周率的公式.

1. 长整数的计算

一个长整数可以按照它的数字从高位到低位写成一个向量. 例如, 87004001 可以写成向量$[8,7,0,0,4,0,0,1]$, 如果还记得这个向量在 MATLAB 中表示多项式 $8x^7+7x^6+4x^3+1$, 整数 87 004 001 实际上就是这个多项式在 $x=10$ 的值. 反过来, 不一定是对的, 例如, 可能出现进位的情形. 如果不出现进（退）位, 那么多项式的加减乘和整数的加减乘都是一样的. 例如, 多项式 $x^2+2x+1$ 的平方是 $x^4+4x^3+6x^2+4x+1$, 而整数 121 的平方是 14 641.

**实验 14.3: 超大整数的幂次**

下面的例子计算一个整数的幂次, 整数和幂次都可以由用户输入.

```
function v= mpow(x, n)
 w= floor(log10(x))+ 1;
 d= mod(floor(x. /10. ^(w- 1: - 1: 0)), 10);   % x的各个数字
 v= d;
 for k= 2: n,
   v= conv(v, d); % 相乘
 end
 for k= length(v)- 1: - 1: 1,
   v(k)= v(k)+ floor(v(k+ 1)/10);   % 进位
   v(k+ 1)= mod(v(k+ 1), 10);
 end
 w1= floor(log10(v(1)))+ 1;   % 最高位处理
 d1= mod(floor(v(1). /10. ^(w1- 1: - 1: 0)), 10);
 v= [d1 v(2: end)];
```

演示如下:

```
>> format long g
>> 1234^7
ans=
    4.35718618402138e+ 21
>> v= mpow(1234, 7)
v=
  Columns 1 through 17
    4  3  5  7  1  8  6  1  8  4  0  2  1  3  8  2  2
```

```
Columns 18 through 22
   0   4   5   4   4
```

即 $1234^7 = 4357186184021382204544$. MATLAB 中整数的显示是有范围的，太大的整数都会被显示成浮点小数.

### 2. π 的计算

由梅钦公式，$\pi = 16\arctan\dfrac{1}{5} - 4\arctan\dfrac{1}{239}$；再由反正切的 Taylor 展开，有

$$\pi = 16\left(\frac{1}{5} - \frac{1}{3}\times\frac{1}{5^3} + \frac{1}{5}\times\frac{1}{5^5} - \frac{1}{7}\times\frac{1}{5^7} + \cdots\right) - 4\left(\frac{1}{239} - \frac{1}{3}\times\frac{1}{239^3} + \frac{1}{5}\times\frac{1}{239^5} - \frac{1}{7}\times\frac{1}{239^7} + \cdots\right).$$

如果要计算到小数点后 $l$ 位，即误差到 $10^{-l}$，反正切级数是一个交错级数，计算 $\arctan\dfrac{1}{n}$ 时到第 $p$ 项误差为 $\dfrac{1}{n^p}$，因此应该有 $10^{-l} \approx \dfrac{1}{n^p}$，即应该算到第 $\left[\dfrac{l}{\log_{10} n}\right]$ 项.

**实验 14.4：高精度计算圆周率**

下面的程序计算圆周率到小数点后 100 位：

```
function comppi(el)
  if nargin< 1, el= 105; end
  pp= lminus(ltime(arctan(5, 100), 16), ltime(arctan(239, 100), 4));
  fprintf('pi= % d. ', pp(1));
  fprintf('% d', pp(2: end));
  fprintf('\n');

function s= arctan(n, el)          % arctan 1/n，小位到 n 位
  x= [1 zeros(1, el- 1)];          % x= 1
  x= ldiv(x, n);                   % x= 1/n
  s= x;
  for k= 1: ceil(el/log10(n)* 1.2),% arctan 1/n，计算所需级数的项，稍微放大
    x= ldiv(x, n^2);
    if mod(k, 2)= = 1,
      s= lminus(s, ldiv(x, 2* k+ 1));
```

```
    else
      s= ladd(s, ldiv(x, 2* k+ 1));
    end
  end

function c= ltime(a, b)              % a* b
  c= normalize(conv(a, b));

function c= ladd(a, b)               % a+ b
  c= normalize(a+ b);

function c= lminus(a, b)             % a- b
  c= normalize(a- b);                % a> b

functionc= ldiv(a, p)                % p : a number
  n= length(a);
  for k= 1: n- 1,
    c(k)= floor(a(k)/p);
    a(k+ 1)= (a(k)- c(k)* p)* 10+ a(k+ 1);
  end
  c(n)= floor(a(n)/p);

function x= normalize(x)             % 规范化(进位)
  for k= length(x)- 1: - 1: 1,
    x(k)= x(k)+ floor(x(k+ 1)/10);
    x(k+ 1)= mod(x(k+ 1), 10);
  end
  if x(1)~ = 0,
    w= floor(log10(x(1)))+ 1;
    d= mod(floor(x(1) . /10. ^(w- 1: - 1: 0)), 10);
    x= [dx(2: end)];
  end
```

在 MATLAB 命令行上演示如下：

```
>> comppi
pi= 3.1415926535897932384626433832795028841971693993751058209749445 92…
```

后面的小数没有完全显示出来，你可以在命令行上自行查看.

这段程序中，normalize 实现了任意整数的规范化，把它存成为一个标准的向量，即每个数字都在 0 到 9 之间. 例如，[299]，[3，－1，9]，[1，19，9]都会变成[2，9，9]. ltimes，ladd，lminus 实现了长整数的乘法、加法和减法；ldiv 实现了长整数除以一个数. arctan 计算了反正切的值，并以高精度的小数输出为向量. 在程序 ldiv 中，实现了长除法，但要确保计算结果，即商，与被除数有相同的最高位. 在这几个算法中，最高位都表示整数部分，其余的位数按照顺序分别为十分位、百分位等.

### 14.4　练习题

1. 输入一个无理数，用连分数的方法，给出它的一个足够精度的近似分数. 例如，输入 $\sqrt{2}$，$\sqrt{3}$ 或者 $\sqrt{7}$.

2. 利用欧拉的 $\dfrac{\pi^2}{6}$ 的级数计算圆周率到小数点后 8 位.

3. 试着实现两个长整数相除.

4. 利用 $e^x$ 的 Taylor 展开，计算常数 $e = 2.718\,281\,828\cdots$ 到小数点后 100 位.

5. 已知极限 $\gamma = \lim\limits_{n\to+\infty}\sum\limits_{k=1}^{n}\dfrac{1}{k}-\ln n$ 存在且称为欧拉常数，计算欧拉常数. 你能精确到小数点后面多少位？

6. 查找其他的"类梅钦公式"，计算圆周率. 什么样的"类梅钦公式"计算收敛得快？

7. 用 BBP 公式计算圆周率.

# 第 15 章 排 序 算 法

所谓排序，就是使一串记录，按照其中的某个或某些关键字的大小，递增或递减的排列起来的操作. 排序算法，就是如何使得记录按照要求排列的方法. 排序算法在很多领域得到相当地重视，尤其是在大量数据的处理方面. 一个优秀的算法可以节省大量的资源. 考虑到数据的各种限制和规范，要得到一个符合实际的优秀算法，需要经过大量的推理和分析. 排序算法通常按照下面的指标被分类：

① 计算的复杂度（最差、平均和最好性能）和列表（list）的大小 ($n$) 的关系. 一般而言，排序算法好的性能是 $O(n \log n)$，且坏的性能是 $O(n^2)$. 对于一个排序理想的性能是 $O(n)$. 这里 $O$ 表示算法所需的计算量控制在某个上界之内，例如 $O(n^2)$，表示算法计算量不大于 $cn^2$，$c$ 是一个与算法和问题都无关的常数. 仅使用一个抽象关键字比较运算的排序算法在平均上总是至少需要 $O(n \log n)$.

② 存储器使用量（空间复杂度），或者/以及其他电脑资源的使用.

③ 稳定度：稳定的排序算法会依照相等的关键（换言之就是值）维持纪录的相对次序.

④ 一般的方法：插入、交换、选择、合并等. 交换排序包含冒泡排序和快速排序，插入排序包含希尔排序，选择排序包括堆排序等.

1. 熟悉排序算法原理；
2. 熟悉掌握排序算法程序；
3. 熟练运用排序算法程序解决问题.

## 15.3   实验内容

### 15.3.1   选择排序

选择排序(Selection sort)是一种简单直观的排序算法. 它的工作原理是每一次从待排序的数据元素中选出最小(或最大)的一个元素，存放在待排序序列的起始位置，直到全部待排序的数据元素排完. 选择排序是不稳定的排序方法(比如序列$[5, 5, 3]$第一次就将第一个$[5]$与$[3]$交换，导致第一个 5 挪动到第二个 5 后面).

(1) 从 $n$ 个记录中找出关键码最小的记录与第一个记录交换；

(2) 从第二个记录开始的 $n-1$ 个记录中再选出关键码最小的记录与第二个记录交换；

(3) ……

(4) 从第 $i$ 个记录开始的 $n-i+1$ 个记录中选出关键码最小的记录与第 $i$ 个记录交换；

(5) 直至 $i = n-1$.

**实验 15.1：选择排序**

用 MATLAB 编程实现选择排序:

```
function x= selectionsort(x)
 n= length(x);
 for j= 1: n- 1,     % Find the j-th smallest element
   imin= j;
   for i= j+ 1: n,
     if x(i)< x(imin),
       imin= i;
     end
   end
   if imin~ = j,     % swap x (imin) and x(j)
     tmp= x(imin);
     x(imin)= x(j);
     x(j)= tmp;
   end
 end
```

演示如下:

```
>> x= [11  21  12  13  14  24  45  22  23  17];
```

```
>> selectionsort(x)
x=
   11  12  13  14  17  21  22  23  24  45
```

### 15.3.2　快速排序

快速排序(Quicksort)是对冒泡排序的一种改进,这个算法最早由 C. A. R. Hoare 在 1962 年提出. 它的基本思想是:通过一趟排序将要排序的数据分割成独立的两部分,其中一部分的所有数据都比另外一部分的所有数据都要小,然后再按此方法对这两部分数据分别进行快速排序,整个排序过程可以递归进行,以此达到整个数据变成有序序列. 在平均状况下,排序长度为 $n$ 的序列需要 $O(n\log n)$ 次比较. 在最坏状况下则需要 $O(n^2)$ 次比较,但这种状况并不常见. 事实上,快速排序通常明显比其他复杂度为 $(n\log n)$ 的算法更快,因为它的内部循环可以在大部分的架构上很有效率地被实现出来,且在大部分真实世界的数据,可以决定设计的选择,减少所需时间的二次方项之可能性.

设要排序的数组是 $a(1)$,…,$a(n)$,首先任意选取一个数据(通常选用数组的第一个数) 作为参考数据,然后将所有比它小的数都放到它前面,所有比它大的数都放到它后面,这个过程称为一趟快速排序. 值得注意的是,快速排序不是一种稳定的排序算法,也就是说,多个相同值的相对位置也许会在算法结束时产生变动. 一趟快速排序的算法是:

(1) 设置两个变量 $i$,$j$,排序开始的时候:$i=1$,$j=n$;

(2) 以第一个数组元素作为关键数据,赋值给 ref,即 ref $=a(1)$;

(3) 从 $j$ 开始向前搜索,即由后开始向前搜索 $j=j-1$,找到第一个小于 ref 的值 $a(j)$,将 $a(j)$ 和 $a(i)$ 互换;

(4) 从 $i$ 开始向后搜索,即由前开始向后搜索 $i=i+1$,找到第一个大于 ref 的 $a(i)$,将 $a(i)$ 和 $a(j)$ 互换;

(5) 重复第(3)、第(4) 步,直到 $i=j$;这时候,ref 之前的值都比 ref 小,而之后的值都比它大;对于它前后的两部分采用同样的方法排序.

例如,假设一开始序列 $\{x_i\}$ 是

$$5,3,7,6,4,1,0,2,9,10,8.$$

此时,ref $=5$,$i=1$,$j=11$. 从后往前找,第一个比 5 小的数是 $x_8=2$,因此,

$$2,3,7,6,4,1,0,5,9,10,8.$$

此时,$i=1$,$j=8$. 从前往后找,第一个比 5 大的数是 $x_3=7$,因此,

$$2, 3, 5, 6, 4, 1, 0, 7, 9, 10, 8.$$

此时，$i = 3$，$j = 8$. 从第 8 位往前找，第一个比 5 小的数是 $x_7 = 0$，因此，

$$2, 3, 0, 6, 4, 1, 5, 7, 9, 10, 8.$$

此时，$i = 3$，$j = 7$. 从第 3 位往后找，第一个比 5 大的数是 $x_4 = 6$，因此，

$$2, 3, 0, 5, 4, 1, 6, 7, 9, 10, 8.$$

此时，$i = 4$，$j = 7$. 从第 7 位往前找，第一个比 5 小的数是 $x_6 = 1$，因此，

$$2, 3, 0, 1, 4, 5, 6, 7, 9, 10, 8.$$

此时，$i = 4$，$j = 6$. 从第 4 位往后找，直到第 6 位才有比 5 大的数，这时 $i = j = 6$，ref 成为一条分界线，它之前的数都比它小，之后的数都比它大. 对于前后两部分数，可以采用同样的方法来排序.

**实验 15.2：快速排序**

用 MATLAB 编程实现快速排序：

```
function x= qsort(x)
  if isempty(x); return; end
  n= length(x);
  x= x(:)';
  low= 1;
  high= n;
  key= x(low);
  while low< high,
      while low< high & x(high)> = key,
        high= high- 1;
      end
      x(low)= x(high);
      while low< high & x(low)< = key,
        low= low+ 1;
      end
      x(high)= x(low);
  end
  x(low)= key;
  x= [qsort(x(1: low- 1)) key qsort(x(low+ 1: end))];
```

调用函数：

```
>> x= floor(rand(1, 10)* 30)
x=
   2  1  15  23  28  3  17  14  0  10
>> qsort(x)
ans=
   0  1  2  3  10  14  15  17  23  28
```

### 15.3.3 希尔排序

希尔排序是一种插入排序. 插入排序的算法描述是一种简单直观的排序算法. 它的工作原理是通过构建有序序列, 对于未排序数据, 在已排序序列中从后向前扫描, 找到相应位置并插入. 插入排序在实现上, 通常采用 in-place 排序(即只需用到 $O(1)$ 的额外空间的排序), 因而在从后向前扫描过程中, 需要反复把已排序元素逐步向后挪位, 为最新元素提供插入空间. 希尔排序, 也称递减增量排序算法, 是插入排序的一种高速而稳定的改进版本. 下面是插入排序的一般算法:

(1) 从第 1 个元素开始, 该元素可以认为已经被排序;

(2) 取出下一个元素, 在已经排序的元素序列中从后向前扫描;

(3) 如果该元素(已排序)大于新元素, 将该元素移到下一位置;

(4) 重复步骤(3), 直到找到已排序的元素小于或者等于新元素的位置;

(5) 将新元素插入到该位置中;

(6) 重复步骤(2).

**实验 15.3: 插入排序**

用 MATLAB 编程实现插入排序:

```
function x= insertsort(x)
  for j= 2: length(x),
      pivot= x(j);
      i= j;
      while i> 1 && x(i- 1)> pivot,
          x(i)= x(i- 1);
          i= i- 1;
      end
      x(i)= pivot;
  end
```

在命令行上调用如下:

```
>> x= floor(rand(1, 10)* 30)
```

```
x=
    4  23  9  15  4  18  7  19  20  22
>> insertsort(x)
ans=
      4  4  7  9  15  18  19  20  22  23
```

　　希尔排序(Shell Sort)是插入排序的一种，也称缩小增量排序，是直接插入排序算法的一种更高效的改进版本．希尔排序是非稳定排序算法．该方法因 D. L. Shell 于 1959 年提出而得名．希尔排序是把记录按下标的一定增量分组，对每组使用直接插入排序算法排序；随着增量逐渐减少，每组包含的关键词越来越多，当增量减至 1 时，整个文件恰被分成一组，算法便终止．希尔排序是基于插入排序的以下两点性质而提出改进方法的：

　　(a) 插入排序在对几乎已经排好序的数据操作时，效率高，即可以达到线性排序的效率；

　　(b) 但插入排序一般来说是低效的，因为插入排序每次只能将数据移动一位．

　　Shell 排序的算法描述如下：

　　• 将记录序列 $\{R(1:n)\}$ 分成若干子序列，分别对每个子序列进行插入排序．例如：将 $n$ 个记录分成 $d$ 个子序列：

　　• $\{R(1), R(1+d), R(1+2d), \cdots, R(1+kd)\}$；

　　• $\{R(2), R(2+d), R(2+2d), \cdots, R(2+kd)\}$；

　　• ……

　　• $\{R(d), R(2d), R(3d), \cdots, R((k+1)d)\}$；

　　• 其中，$d$ 称为增量，它的值在排序过程中从大到小逐渐缩小，直至最后一趟排序减为 1．

**实验 15.4：希尔排序 MATLAB 程序**

用 MATLAB 编程实现希尔排序．

```
function x= shellsort(x)
  n= length(x);
  gap= 1;
  while ceil(gap(1))< = n,
    gap= [ceil(gap(1)* 2.25+ 1)gap];
    % Tokuda's gap sequence
  end
  for g= gap,
```

```
  for k= 1: g, % insertsort
    top= k+ floor((n- k)/g)* g;
    x(k: g: top)= insertsort(x(k: g: top));
  end
end
```

调用函数:
```
>> x= floor(rand(1, 10)* 30)
x=
  23  6  4  3  6  6  6  13  9  24
>> shellsort(x)
ans=
   3  4  6  6  6  6  9  13  23  24
```
比较插入排序和希尔排序的性能:
```
>> x= floor(rand(1, 10000)* 3e8);
>> t0= cputime; insertsort(x); cputime- t0
ans=
   4.4844
>> t0= cputime; shellsort(x); cputime- t0
ans=
   1.0156
```
即一般插入排序需要 4 秒钟, 而希尔排序只需要 1 秒钟.

### 15.3.4 基数排序

基数排序(radix sort)是一种"分配式排序"(distribution sort), 也称为"桶排序"(bucket sort, bin sort). 顾名思义, 它是通过键值的部分信息, 将要排序的元素分配至某些"桶"中, 以达到排序的作用. 基数排序法是属于稳定性的排序, 其时间复杂度为 $O(nm\log r)$, 其中 $r$ 为所采取的基数, 而 $m$ 为堆数. 在某些时候, 基数排序法的效率高于其他的稳定性排序法.

基数排序法是这样实现的: 将所有待比较数值(正整数)统一为同样的数位长度, 数位较短的数前面补零. 然后, 从最低位开始, 依次进行一次排序. 这样从最低位排序一直到最高位排序完成以后, 数列就变成一个有序序列. 基数排序的方式可以采用 LSD(Least significant digital)或 MSD(Most significant digital)两种方式, LSD 的排序方式由键值的最右边开始, 而 MSD 则相反, 由键值的最左边开始.

例: 对下面一组数字使用基数排序, 27, 267, 293, 303, 87, 74, 47, 66,

193，812，9.

(1) 按个位数排序是 812，(293，303，193)，74，(27，267，87，47)，66，9.

(2) 再根据十位排序(303，9)，812，27，47，(267，66)，74，87，(293，193).

(3) 再根据百位排序(9，27，47，66，74，87)，193，(267，293)，303，812.

这里注意，如果在某一位的数字相同，那么排序结果要根据上一轮的数组确定. 举个例子来说，27 和 47 在百位都是 0，但是上一轮排序(十位排序时)的时候 27 是排在 47 前面的；同样举一个例子，303 和 9 在十位都是 0，按个位和十位排序时，303 都在前，只在最后一轮按百位排时，303 在后面了. 在这里，一组括号是一个桶，表示括号内的数有相同的个(或十，或百)位数；而这个桶内的数的顺序由上一次它们出现的先后顺序确定. 想一想，为什么 267，27，87，47 最后都变得有序了？

(1) 判断数据在个位的大小，排列数据；

(2) 根据(1)的结果，判断数据在十位的大小，排列数据. 如果数据在这个位置的余数相同，那么数据之间的顺序根据上一轮的排列顺序确定；

(3) 依此类推，继续判断数据在百位，千位等上面的数据重新排序，直到所有的数据在某一位上数据都为 0.

**实验 15.5：基数排序**

用 MATLAB 编程实现基数排序：

```
function x= radixsort(x, r)
  if nargin< 2, r= 16; end
  n= length(x);
  xmax= max(x);
  w= floor(log(xmax)/log(r))+ 1;    % 最大位数
  for k= 1: n,                      % x(k)的 r 进制的各位数
    A(k, :)= mod(floor(x(k)./r.^(w- 1: - 1: 0)), r);
  end
  for b= w: - 1: 1,
    B= zeros(n, W);
    i= 0;
    for k= 0: r- 1,
      for j= 1: n,
```

```
      if A(j, b)= = k,        % 收集第 b 位相同的 A 的行
        i= i+ 1;
        B(i, : )= A(j, : );
      end
    end
  end
  A= B;
end
x= r. ^(w- 1: - 1: 0)* B';    % 利用位数反算各个 x(k)
```

调用函数如下：

```
>> x= floor(rand(1, 12)* 300)
x=
   153  244  33  259  187  99  239  181  256  0  261  217
>> x= radixsort(x, 16)
x=
   0  33  99  153  181  187  217  239  244  256  259  261
```

你可以同 MATLAB 内置的命令 sort 比较一下，看看结果有何不同.

### 15.3.5　排序的应用

利用排序算法，可以在 MATLAB 中建立一个小型数据库，进行查找数据（检索），添加记录，删除记录，或者排序等应用.

MATLAB 中可以建立一种称为字段的数据. 例如，x. name＝'Zhang San'；x. email＝'zs@163. com'；x. score＝[100 80 92]，在命令行上输入 x，则显示

```
>> x
x=
  name: 'Zhang San'
  email: 'zs@ 163. com'
  score: [100 80 92]
```

这里，name, email, score 称为字段，x 中有三个字段，它们的属性分别是字符串、字符串和向量，可以通过类似 x .score 的方式显示或者引用它们具体的值.

x 本身也可以称为数组的一个元素. 这样可以通过下面的方式建立一个小

数据库:

---
**实验 15.6: 建立一个小数据库**

在 MATLAB 中, 建立一个小数据库:

```
function A= build_db
  n= input('number of records: ');
  for k= 1: n,
    A(k).id= input('id: ');
    A(k).name= input('name: ', 's');
    A(k).score= input('score: ');
  end
```

演示如下:

```
>> A= build_db
number of records: 4
id: 1151002
name: Zhang San
score: [80 85 81]
id: 1151014
name: Li Si
score: [90 100 93]
id: 1151227
name: Wang Bing
score: [76 88 97]
id: 1171331
name: Zhao Yang
score: [98 67 92]
```

---

A 是一个有 4 条记录, 每条记录有三个字段的数据库. 下面的程序为该数据库添加一个字段: 按照平均成绩的排名.

---
**实验 15.7: 添加一个字段**

一个数据库中, 添加一个字段: 平均成绩的排名.

```
function A= ex_db(A)
  for k= 1: length(A),
    x(k)= mean(A(k).score);
  end
  [tmp, ind]= sort(- x);
  for k= 1: length(A),
```

```
    A(ind(k)). rank= k;
  end
```

**注意**　排名应该是按照成绩的由高到低的次序排列，但一般 MATLAB 内部的排序都是由小到大排的，所以 sort(−x) 的命令有一个负号．MATLAB 中的 sort 命令不仅得到了排序的结果 tmp，也给出了该排序结果每个元素在原使排列中的位置：因此 ind(1) 的位置就是原来的第 1 名．当然，也可以使用本节内的所有其他排序方法．比如，下面的排序使这个数据库的所有记录按照姓名的字典序排序：

**实验 15.8：数据库处理**

对数据库进行排序 (下面使用的是冒泡排序法)，谁的姓名 (一串英文字母作为一个单词) 在字典中出现在另一姓名前面，则他的记录就在前面．

```
function A= bubblesort_db(A)
  n= length(A);
  for j= 1: n- 1,
    for k= 1: n- j,
      flag= strcompi(A(k). name, A(k+ 1). name);
      if flag< 0,
        tmp= A(k);
        A(k)= A(k+ 1);
        A(k+ 1)= tmp;
      end
    end
  end

function flag= strcompi(s1, s2)
  k= 1;
  s1= lower(s1);
  s2= lower(s2);
  l1= length(s1);
  l2= length(s2);
  while k< = l1 && k< = l2 && s1(k)= = s2(k),
    k= k+ 1;
  end
  if k> l1 & k> l2,
    flag= 0;
```

```
  elseif k> l1,
    flag= 1;
  elseif k> l2,
    flag= - 1;
  elseif s1(k)< s2(k),
    flag= 1;
  elseif s1(k)> s2(k),
    flag= - 1;
  end
```

在 MATLAB 命令行上运行如下:

```
>> A= bubblesort_db(A);
>> for k= 1: 4, A(k). name, end
ans=
Li Si
ans=
Wang Bing
ans=
Zhang San
ans=
Zhao Yang
```

你可以用其他的方法试试.

这里, 函数 strcompi 比较两个字符串在字典中出现的先后, 忽略大小写的区别: 第一串字符在前则返回 1, 在后则返回 −1, 相同则返回 0. MATLAB 中的内部函数 strcmpi 仅能比较两个字符串是否相同.

## 15.4 练习题

1. 利用本章的排序法对下面的序列进行排序: $172, 30, 152, 207, 279, 8, 174, 133, 299, 48, 236, 114$. 哪个排序法算得快些?

2. 编写一个双向的冒泡排序法, 即先从前到后扫描, 再从后往前扫描, 交替进行, 直至整个序列变得有序.

3. 老师正在召集数学实验课外活动的志愿者, 从他们某个测试成绩中挑选分数最高的 15 人, 目前已有 60 人报名. 如何最快地从 60 人中挑出成绩最高的 15 人? 你可以自己测试一下你的算法的性能.

4. 输入十个身份证号(假设都是 18 位的, 且最后一位不是 X), 把它们按照不同的标准排序：(1) 出生日期(月、日)；(2) 性别(倒数第二位的奇偶性，奇数为男性，偶数为女性)；(3) 按照出生年月和性别排序(出生年月相同的，男性在前；否则出生年月早的在前).

5. 给定两个排好顺序的序列，例如，都从小到大排列，如何判断它们有没有公共元素？

6. 建立一个小型的数据库，包含每个人的姓名、性别、成绩、电话号码. 输入一个号码(或者名字)，查找它是否出现在该数据库中. 如果有，显示它的完整的信息；否则提供一个简单的界面，在数据库中追加一条记录.

# 第 16 章　不定方程拾趣

对于线性代数方程组，一般地，未知数少于方程个数时会有无穷多解的情况，此时方程称为欠定方程. 对于一些非线性方程，甚至有时候要求整数解，方程(组)的解也未必只有一个，它可能没有解，有有限的几个解，也可能有无穷多解. 限定解为整数的方程通常也称为丢番图方程. 最著名的莫过于费马大定理，即当 $n \geqslant 3$ 时，$x^n + y^n = z^n$ 仅有零解. 该问题经历三个多世纪无数数学家的猜想与论证，最终在 1995 年被英国数学家怀尔斯(A. Wiles)证明.

## 16.2　实验目的

1. 了解丢番图方程的一些解法；
2. 了解一些条件不足的实际问题及其解决方法.

## 16.3　实验内容

### 16.3.1　百鸡问题

公元 5—6 世纪记录于《张邱建算经》的百鸡问题，是一个著名的不定方程组的问题，开创了疑问多答的先河. 百鸡问题是该书的最后一题：

"今有鸡翁一，值钱五；鸡母一，值钱三；鸡雏三，值钱一. 凡百钱买鸡百只，问鸡翁、母、雏各几何？"

原书并没有记录解法，从现代数学的观点看，这是一个不定方程组的问题. 记鸡翁、母、雏数量各为 $x$，$y$，$z$，则

$$x + y + z = 100,$$
$$5x + 3y + (1/3)z = 100.$$

当然，你可以穷举所有可能的答案. 例如，由 $0 \leqslant x \leqslant 20$，$0 \leqslant y \leqslant 33$，$0 \leqslant z \leqslant 100$，可以求解如下：

**实验 16.1：穷举法求解百鸡问题**

编写程序如下：

```
function zqj1
  for x= 1: 20,
    for y= 1: 33,
      z= 100- x- y;
      if 5* x+ 3* y+ z/3= = 100,
        fprintf('(% d, % d, % d)  ', x, y, z);
      end
    end
  end
  fprintf('\n');
```

得到三组解如下：$(4, 18, 78), (8, 11, 81), (12, 4, 84)$.

对于不定方程，一些简单的分析可能使得穷举的计算量下降. 例如，可以把方程变成

$$x+z = 100-y,$$
$$5x+\frac{1}{3}z = 100-3y.$$

对于每个 $y$，该方程的解是确定的. 系数矩阵的行列式等于 $\begin{vmatrix} 1 & 1 \\ 5 & \frac{1}{3} \end{vmatrix} = -\frac{14}{3}$，因

此，要 使 得 解 $(x, z)$ 是 整 数，根 据 克 莱 默 法 则，$\begin{vmatrix} 100-y & 1 \\ 100-3y & \frac{1}{3} \end{vmatrix}$ 和

$\begin{vmatrix} 1 & 100-y \\ 5 & 100-3y \end{vmatrix}$ 应该都能被 14 整除. 前一个行列式的值为 $2y-400$，即得 $y-$

200 能被 7 整除. 因此可令 $y = 7k+4$.

**实验 16.2：求解百鸡问题**

编写程序如下：

```
function zqj2
  for y= 4: 7: 33, % y< = 25
    x= (100- 4* y)/7;
    z= (200- y)/7* 3;
    [x, y, z]
  end
```

得到三组解如下：$(4, 18, 78)$，$(8, 11, 81)$，$(12, 4, 84)$. 由 $x$ 的表达式，$y$ 的取值范围实际上是 $[4, 25]$ 中被 7 除余 4 的数，这也就给出了所有的解.

### 16.3.2　孙子剩余定理

孙子剩余定理，也叫中国剩余定理. 在公元 4 世纪的数学著作《孙子算经》中有"物不知数"问题，该问题说："今有物，不知其数，三三数之剩二，五五数之剩三，七七数之剩二，问物几何？"即被三除余二，被五除余三，被七除余二的最小整数. 这个问题称作孙子问题，俗称作韩信点兵.

在中国古代劳动人民中，长期流传着"隔墙算"、"剪管术"、"秦王暗点兵"等数学游戏. 有一首"孙子歌"，甚至远渡重洋，输入日本：

三人同行七十稀，五树梅花廿一枝，

七子团圆正半月，除百零五便得知.

"孙子问题"在现代数论中是一个一次同余问题，用现代代数的符号表示，它相当于求解不定方程组

$$N = 3x + 2, \ N = 5y + 3, \ N = 7z + 2,$$

其中，$N$，$x$，$y$，$z$ 都是正整数.

孙子歌的解法则可以翻译成：若一个数被 3 除余 $t_3$，被 5 除余 $t_5$，被 7 除余 $t_7$，则这个数是 $70t_3 + 21t_5 + 15t_7 - 105k$，$k$ 是使该表达式取到最小正整数的整数值. 事实上，中国剩余定理可以有如下一般的形式. 这里，符号 $a = b(\mathrm{mod}\, m)$，表示 $a$，$b$ 被 $m$ 除的余数相同，即 $a$，$b$ 关于 $m$ 同余，或 $m$ 整除 $a - b$.

**定理 16.1**　给定以下的一元线性同余方程组

$$\begin{cases} x = a_1(\mathrm{mod}\, m_1), \\ x = a_2(\mathrm{mod}\, m_2), \\ \vdots \\ x = a_n(\mathrm{mod}\, m_n), \end{cases}$$

若整数 $m_1$，$m_2$，$\cdots$，$m_n$ 两两互质，则对任意 $a_1$，$a_2$，$\cdots$，$a_n$，方程组有解，且其解可以通过如下方式构造：

设 $M = m_1 \times m_2 \times \cdots \times m_n$，$M_i = M/m_i$，$t_i$ 满足 $t_i M_i = 1(\mathrm{mod}\, m_i)$，方程组的解为

$$x = a_1 t_1 M_1 + a_2 t_2 M_2 + \cdots + a_n t_n M_n + kM,$$

$k$ 为正整数. 因此, 在模 $M$ 意义下, 该方程组有唯一解.

MATLAB 中函数 gcd 用来计算两个数的最大公约数, 同时也可以计算出满足剩余定理需要的系数. 如, 计算 $a$, $b$ 的最大公约数, 则 $g = gcd(a, b)$, 但是 $[g, c, d] = gcd(a, b)$ 则同时得到 $c*a + d*b = 1$, 即 $c \cdot a = 1 (\bmod b)$.

**实验 16.3: 中国剩余定理**

中国剩余定理可以实现如下:

```
function x= crt(a, m)
%  chinese remainder theorem
%  find x, such that x= a(i) mod m(i)
  if nargin< 2,
    m= [3 5 7];
    a= [2 3 2];
  end
  M= prod(m);
  Mi= M. /m;
  for k= 1: length(m),
    [tmp1, t, tmp2]= gcd(Mi(k), m(k));
    T(k)= t* Mi(k);
  end
  x= mod(sum(a. * T), M);
```

在命令行上运行 crt([2 3 2], [3 5 7]) 可以得到 23, 即孙子问题的答案.

如果你已经掌握向量功能, 这段程序也可以改写如下:

**实验 16.4: 中国剩余定理 2**

向量化的剩余定理实现版本:

```
function x= crt2(a, m)
%  chinese remainder theorem
%  find x, such that x= a(i) mod m(i)
  if nargin< 2,
    m= [3 5 7];
    a= [2 3 2];
  end
  M= prod(m). /m;
  [tmp1, T, tmp2]= gcd(M, m);
  x= mod(sum(a. * T. * M), prod(m));
```

利用同余和中国剩余定理, 可以有另外一种方法来进行长整数的计算. 选定一组两两互质的正整数,如 13,17,23,27,则在 1 到 $13 \times 17 \times 23 \times 27$ 的范围内,所有正整数和它被这四个数除的四个余数组成的向量是一一对应的,例如 30 对应于 $(4, 13, 7, 3)$,而 $(9, 15, 8, 19)$ 对应于 100. 前者可以通过除法求余数得到,后者可以通过剩余定理得到. 而任意两个数之间的运算,可以通过它们对应的余数的运算来实行:例如,$30 + 100 = 130$ 对应于 $(4, 13, 7, 3) + (9, 15, 8, 19) = (13, 28, 15, 22) = (0, 11, 15, 22)(\mathrm{mod}[13, 17, 23, 27])$,而 $30 \times 100 = 3\,000$ 对应于 $(4, 13, 7, 3) \cdot (9, 15, 8, 19) = (36, 195, 56, 57) = (10, 8, 10, 3)(\mathrm{mod}[13, 17, 23, 27])$.

### 16.3.3 埃及分数及不定方程

所谓埃及分数,并不是指哪一个或一些分数,而是一种表示法. 任意有理数,总可以表示成为一些互异整数的倒数和,例如 $1 = \dfrac{1}{2} + \dfrac{1}{3} + \dfrac{1}{6}$. 事实上,利用公式 $\dfrac{1}{n} = \dfrac{1}{n+1} + \dfrac{1}{n(n+1)}$,很容易把任意一个有理数拆分成分母不同(分子恒为 1)的这种分数的和. 至今还不清楚,埃及人为什么钟情于这种分数. 但作为一个数学问题,埃及分数无疑是很有趣的.

例如,1950 年 Paul Erdös 猜想方程 $\dfrac{4}{n} = \dfrac{1}{x} + \dfrac{1}{y} + \dfrac{1}{z}$ 对于每一个大于 1 的正整数 $n$ 均有正整数解 $x, y, z$. 而 Sierpinski 做了一个类似的猜想:对于方程 $\dfrac{5}{n} = \dfrac{1}{x} + \dfrac{1}{y} + \dfrac{1}{z}$ 有相同的结论.

例如,要求解方程 $\dfrac{k}{n} = \dfrac{1}{x} + \dfrac{1}{y} + \dfrac{1}{z}$. 不妨假设,$x < y < z$. 因此,$\dfrac{1}{x} < \dfrac{k}{n} < \dfrac{3}{x}$,即 $\dfrac{n}{k} < x < \dfrac{3n}{k}$. 由于 $x$ 是整数,所以 $\left\lceil \dfrac{n}{k} \right\rceil < x < \left\lfloor \dfrac{3n}{k} \right\rfloor$,其中 $\lceil \cdot \rceil$,$\lfloor \cdot \rfloor$ 分别代表向上取整和向下取整. 同样,对于每一个在上述范围内穷举的 $x$,$\dfrac{1}{y} < \dfrac{k}{n} - \dfrac{1}{x} = \dfrac{1}{y} + \dfrac{1}{z} < \dfrac{2}{y}$,可以给出 $y$ 的搜索范围. $z$ 则可以利用方程本身给出其整数的值.

因此有下面的搜索方法:

**实验 16.5:不定方程**

编写搜索程序如下:

```
function diophantine(n, k)
% solutions of
% k/n= 1/x+ 1/y+ 1/z,
% x< y< z
```

```
if nargin< 2, k= 4; end
for x= ceil(n/k): floor(3* n/k),
  t= k/n- 1/x;
  for y= max(ceil(1/t), x+ 1): floor(2/t),
    z= n* x* y/(k* x* y- y* n- x* n);
    if floor(z)= = z & z> y & ~ isinf(z),
      fprintf('% d/% d= 1/% d+ 1/% d+ 1/% d\n', k, n, x, y, z);
    end
  end
end
```

在命令行上运行 diophantine(121, 5)可以得到方程 $\dfrac{5}{121}=\dfrac{1}{x}+\dfrac{1}{y}+\dfrac{1}{z}$ 的所有 21 组解.

### 16.3.4　奇怪的三角形

是否有两个多边形,它们具有相同的周长和面积,但却不全等?答案是肯定的,很容易找到这样的例子,比如构造一对平行四边形和梯形. 如果限制这两个图形都是三角形,且边长面积都为整数,此时还会有解吗? 图 16.1 给出了一个漂亮的例子,三角形的三边长为(20,21,29)和(17,25,28). 可以从图中直接得到验证.

如果再限制这两个三角形中,有一个是直角三角形,而另一个是等腰三角形,你能找到这样的例子吗? 依旧假设这样的三角形对具有相同的周长与面积,且周长与面积均为整数. 这样的三角形根本不可能全等,因为直角等腰三角形斜边是直角边长度的 $\sqrt{2}$ 倍,不可能都为整数.

假设直角与等腰三角形三边长分别为 $(a, b, c)$ 和 $(d, x, x)$. 则,它们满足下面的方程组:

$$\begin{cases} a+b+c=d+2x, \\ \dfrac{ab}{2}=\dfrac{d}{2}\times\sqrt{x^2-\left(\dfrac{d}{2}\right)^2}, \\ a^2+b^2=c^2. \end{cases}$$

直接穷举这个方程组的解需要 5 个变量,计算量较大. 事实上,直角三角形的勾股数有解析解:即 $a=m^2-n^2$,$b=2mn$,$c=m^2+n^2$. 可以通过穷举 $m,n$ 和 $d$ 来求解,或者穷举 $m,n$ 来求解 $x,d$ 满足的方程. 后者实际上是一个单变量的方程,因为当列举 $a,b,c$ 的值之后,$d+2x$ 是一个相对固定的数.

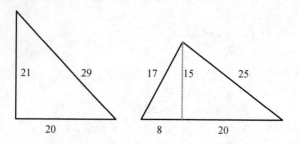

图 16.1　周长面积相等的两个三角形

### 实验 16.6：奇怪的三角形

用二分法求解方程搜索等面积等周长的直角与等腰三角形对.

```
function P= triag(N)
  if nargin< 1, N= 100; end
  P= [];
  for m= 1: N,
    for n= 1: m- 1,
      a= m^2- n^2;
      b= 2* m* n;
      c= m^2+ n^2;
      z= a+ b+ c;
      s= a* b/2;
      low= [ceil(z/4) floor(z/2)];
      high= [floor(z/3) ceil(z/3)];
      for j= 1: 2,
        while abs(low(j)- high(j))> 1,
          x= round((low(j)+ high(j))/2);
          d= z- 2* x;
          s2= sqrt(x^2- (d/2)^2)* d/2;
          if s2= = s,
            low(j)= high(j);
            P= [P; [m, n, a, b, c, x, x, d]];
          elseif s2> s,
            high(j)= x;
          else
            low(j)= x;
          end
```

```
        end
      end
    end
  end
```

因此，这两个三角形三边长为 (135, 352, 377), (366, 366, 132). 其他搜索到的三角形对都只是简单地放大一个倍数. 是否存在一个和它本质上不同的解?

## 16.4　练习题

1. 古代数学巨著《九章算数》中有这么一道题:"五家共井，甲二绠(汲水用的井绠) 不足，如(接上) 乙一绠;乙三绠不足，如丙一绠;丙四绠不足，如丁一绠;丁五绠不足，如戊一绠;戊六绠不足，如甲一绠，皆及."意思就是说五家人共用一口井，甲家的绳子用两条不够，还要再用乙家的绳子一条才能打到井水;乙家的绳子用三条不够，还要再用丙家的绳子一条才能打到井水;丙家的绳子用四条不够，还要再用丁家的绳子一条才能打到井水;丁家的绳子用五条不够，还要再用戊家的绳子一条才能打到井水;戊家的绳子用六条不够，还要再用甲家的绳子一条才能打到井水. 最后问:井有多深? 每家的绳子各有多长?

2. 银行有 400 个保险柜，分别编号 1 到 400 号. 为了保险起见，每个保险柜的钥匙不能编上与柜相同的号码. 现在设计一种将钥匙编号的方法:每个保险柜的钥匙用四个数字来编号(首位数字可以是 0)，从左起的四个数字依次是保险柜的编号除以 3, 5, 7, 8 所得的余数，如 10 号保险柜的钥匙编号为 7532. 问编号为 1233 的钥匙是几号保险柜的?

3. 一个正整数，被 15, 17, 19 除的余数分别为 1, 2, 3，则这个数最小是多少?

4. 给定 $k$ 的值，求不定方程 $y^2 = k^2 + x + x^2 + x^3 + x^4$ 的整数解. 特别地，对于 $k = 9$ 或 $k = 14$，你应该至少能得到 6 组解.

5. 方程 $x^2 - Py^2 = 1$ 称为 Pell 方程，搜索资料了解它的一些基本性质，对于某个非完全平方数 $P$，找到这个方程的整数解.

6. 用 1 元、2 元、5 元、10 元、20 元、50 元的货币组成 100 元的方式有多少种? 若要付给小卖部 15.70，而手里有 5 角、1 元、2 元、5 元、10 元、20 元钞票各 2 张，如何付钱可以使得你付的钞票以及小卖部找还你的钞票张数最少?

# 第 17 章　图与网络规划

17.1　实验导读

　　图论(Graph Theory)是专门研究图的理论的一门数学分支，属于离散数学范畴. 图论有 200 多年历史，大体可划分为三个发展阶段：第一阶段是从 18 世纪中叶到 19 世纪中叶的萌芽阶段，多数问题为游戏而产生，最有代表性的工作是所谓的 Euler 的七桥问题(1736 年)，也称为一笔画问题. 第二阶段是从 19 世纪中叶到 20 世纪中叶. 此时，图论问题大量出现，如 Hamilton 问题、地图染色的四色问题以及可平面性问题等. 同时，也出现用图解决实际问题，例如 Cayley 把树应用于化学领域，Kirchhoff 用图去研究电网络等. 第三阶段是 20 世纪中叶以后，由生产管理、军事、交通、运输、计算机网络等方面提出大量实际问题，以及大型计算机使大规模问题的求解成为可能，特别是以 Ford 和 Fulkerson 建立的网络流理论，与线性规划、动态规划等优化理论和运筹学的方法相互渗透，促进了图论在实际问题中的应用.

## 17.2　实验目的

　　1. 熟悉图与网络规划基本概念；
　　2. 掌握图与网络的基本算法；
　　3. 熟练运用图与网络的基本方法编程.

## 17.3　实验内容

### 17.3.1　图的基本概念

　　图论中图是由点和边构成，可以反映一些对象之间的关系，这些对象用点表示，而关系则由连接它们的线来表示. 很多时候，我们只关心这些对象之间的关系，所以，一般情况下图中点的相对位置如何、点与点之间联线的长短曲直，对于反映对象之间的关系并不是重要的.

　　下面介绍图的一些基本概念.

• **图**　若用点表示研究的对象，用边表示这些对象之间的联系，则图 $G$ 可以定义为点和边的集合，记作：

$$G = (V, E).$$

其中，$V$ 为点集，$E$ 为边集. 图 $G$ 区别于几何学中的图. 这里，只关心图中有多少个点以及哪些点之间有连线.

• **端点，关联边，相邻**　若有边 $e$ 可表示为 $e = [v_i, v_j]$，称 $v_i$ 和 $v_j$ 是边 $e$ 的端点，也称边 $e$ 为点 $v_i$（或 $v_j$）的关联边. 若点 $v_i$，$v_j$ 与同一条边关联，称点 $v_i$ 和 $v_j$ 相邻；若边 $e_i$ 和 $e_j$ 具有公共的端点，称边 $e_i$ 和 $e_j$ 相邻.

• **环，多重边，简单图**　如果边 $e$ 的两个端点重合，称该边为环. 如图 17.1 所示中边 $e_1$ 为环. 如果两个点之间多于一条边，称为重边，如图 17.1 所示中的 $e_4$ 和 $e_5$，无环无重边的图称为简单图.

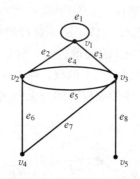

图 17.1　图的实例

• **次（度），奇点，偶点，孤立点**　与某一个点 $v_i$ 相关联的边的数目称为点 $v_i$ 的次（也称为度），记作 $d(v_i)$. 图 17.1 中 $d(v_1) = 4$，$d(v_3) = 5$，$d(v_5) = 1$. 次为奇数的点称作奇点，次为偶数的点称作偶点，次为 1 的点称为悬挂点，次为 0 的点称作孤立点. 一个图的次等于各点的次之和.

• **链，圈，连通图**　链是图中某些点和边的交替序列，若其中各边互不相同，且任意序列中相邻点和边都是关联的. 链用 $\mu$ 表示，例如

$$\mu = \{v_1, e_1, \cdots, v_{k-1}, e_{k-1}, v_k\}.$$

这样，$e_j = [v_j, v_{j+1}]$. 起点与终点重合的链称作圈. 一个图，如果每一对顶点之间至少存在一条链，称该图为连通图，否则称该图不连通（图 17.2）.

• **二部图（偶图）**　若图 $G = (V, E)$ 的点集 $V$ 可以分为两个不交非空子集 $X$ 和 $Y$，即集合 $X$，$Y$ 满足 $X \bigcup Y = V$，$X \bigcap Y = \varnothing$，使得同一集合（$X$ 或者 $Y$）

中任意两个顶点均不相邻，称这样的图为偶图或者二部图.

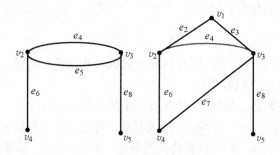

图 17.2　连通与不连通

• **支撑子图**　如果对于图 $G_1 = (V_1, E_1)$ 和图 $G_2 = (V_2, E_2)$，有 $V_1 \subseteq V_2$ 和 $E_1 \subseteq E_2$，称 $G_1$ 是 $G_2$ 的一个子图. 若还有 $V_1 = V_2$ 且 $E_1 \subseteq E_2$，则称 $G_1$ 是 $G_2$ 的一个部分图(支撑子图).

• **网络(赋权图)**　设图 $G = (V, E)$，对 $G$ 的每一条边$[v, v_j]$相应赋予数量指标 $w_{ij}$，$W_{ij}$ 称为边$[v_i, v_j]$的权重(权)，赋予权的图 $G$ 称为网络(或赋权图). 这种权称为边权，也可以有点上的权，称为点权. 权可以代表距离、费用、通行能力(容量)等. 端点无序的赋权图称为无向网络，端点有序的赋权图称为有向网络(图 17.3).

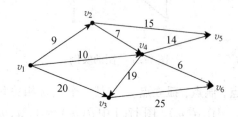

图 17.3　赋权图

• **有向图、出次与入次**　若一个图中任意两点 $v_i$，$v_j$ 的关系不是对等的，即 $v_i$ 到 $v_j$ 的边和 $v_j$ 到 $v_i$ 的边看成不同的边，这种图称为有向图. 在有向图中，以 $v_i$ 为始点的边数称为点 $v_i$ 的出次，用 $d_+(v_i)$ 表示；以 $v_i$ 为终点的边数称为点 $v_i$ 的入次，用 $d_-(v_i)$ 表示；点 $v_i$ 点的出次和入次之和就是该点的次.

可以图论的两个基本的结论：

**定理 17.1**　任何图中，顶点次数之和等于所有边数的 2 倍.

**定理 17.2**　任何图中，次为奇数的顶点必为偶数个.

### 17.3.2　图的矩阵描述

如何在计算机中存储一个图呢？现在已有很多存储的方法，最基本的方法就是采用矩阵来表示一个图，图的矩阵表示也根据所关心的问题不同而有下面的集中存储方式.

- **邻接矩阵**　对于图 $G = (V, E)$，$|V| = n$（$|\cdot|$ 表示一个集合元素的个数），$|E| = m$，有 $n \times n$ 阶方矩阵 $A = (a_{ij})_{n \times n}$，其中

$$a_{ij} = \begin{cases} 1, & \text{当且仅当 } v_i \text{ 和 } v_j \text{ 之间有关联边时,} \\ 0, & \text{其他.} \end{cases}$$

图 17.4 所表示的图可以构造邻接矩阵 $A$ 如下

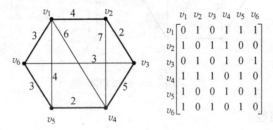

图 17.4　邻接矩阵

- **关联矩阵**　对于图 $G = (V, E)$，$|V| = n$，$|E| = m$，有 $n \times m$ 阶矩阵 $B = (b_{ij})_{n \times m}$，其中

$$b_{ij} = \begin{cases} 2, & \text{当且仅当 } v_i \text{ 是边 } e_j \text{ 的两个端点,} \\ 1, & \text{当且仅当 } v_i \text{ 是边 } e_j \text{ 的一个端点,} \\ 0, & \text{其他.} \end{cases}$$

图 17.5 所表示的图可以构造关联矩阵如下

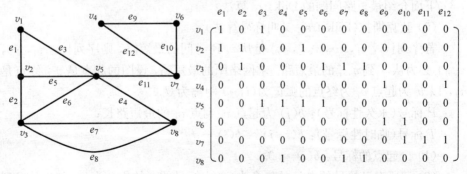

图 17.5　关联矩阵

• **赋权矩阵**　对于赋权图 $G=(V, E, C)$，其中边 $(v_i, v_j)$ 有权 $(w_{ij})$，矩阵 $C=(c_{ij})_{n\times n}$ 的构造如下

$$c_{ij} = \begin{cases} w_{ij}, & [v_i, v_j] \in E, \\ 0, & [v_i, v_j] \notin E. \end{cases}$$

图 17.6 所表示的图可以构造赋权矩阵 $C$ 如下：

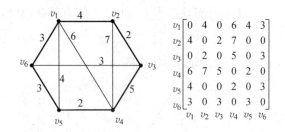

图 17.6　赋权矩阵

### 17.3.3　最短路径

最短路问题是对一个赋权的有向图 $D = (V, A)$，若 $D$ 的每条弧 $a = [v_i, v_j]$ 都对应一个实数 $w(a)$（称为 $a$ 的权），从图 $D$ 中指定两个点 $v_s$ 和 $v_t$，找到一条从 $v_s$ 到 $v_t$ 的路，使得这条路上所有的弧的权数 $w(a)$ 的和最小，这条路称为 $v_s$ 到 $v_t$ 的最短路，而对应权数的和称为从 $v_s$ 到 $v_t$ 的距离. Dijkstra 算法是一个求解最短路径的方法，适用于全部权为非负情况. 如果一个图的某边上权为负的，该算法会失效. 现实中很多问题，如最优选址问题、管道铺设时的选线问题、设备更新问题、投资问题、某些整数规划和动态规划问题等，都可以归结为求最短路的问题. 因此，最短路问题在生产实际中有着广泛的应用.

下面介绍最短路问题的 Dijkstra 算法：

（0）狄克斯拉（Dijkstra，又叫标号算法）

若序列 $\{v_s, v_1, \cdots, v_{n-1}, v_t\}$ 是从 $v_s$ 到 $v_t$ 间的最短路，则序列 $\{v_s, v_1, \cdots, v_{n-1}\}$ 必为从 $v_s$ 到 $v_{n-1}$ 的最短路. 求网络图的最短路，设图的起点是 $v_s$，终点是 $v_t$，以 $v_i$ 为起点 $v_j$ 为终点的弧记为 $(i, j)$ 距离为 $d_{ij}$.

$P$ 标号（永久性标号）：$b(j)$ 为起点 $v_s$ 到点 $v_j$ 的最短路长；

$T$ 标号（临时性标号）：$k(i, j) = b(i) + d_{ij}$.

（1）令起点的标号：$b(s) = 0$.

（2）记所有已标号的点 $v_i$ 的集合为 $S$，未标号的点的集合为 $T$，如果从 $S$ 到 $T$ 中不存在弧，或者 $S$ 已经包含 $v_t$，计算结束.

(3) 计算从 $S$ 到 $T$ 的弧 $k(i, j) = b(i) + d_{ij}$ 的标号.

(4) 选一个点标号 $b(l) = \min\limits_{j}\{k(i, j) \mid i \in S, j \in T\}$ 在终点 $v_l$ 处标号 $b(l)$，返回到第(2)步.

**实验 17.1：Dijkstra 算法 MATLAB 程序**

利用 MATLAB 自带程序 graphshortestpath 得到最短路径 (默认 Dijkstra 算法).

(1) 创建 6 个节点和 11 个边的有向图.

```
>> W= [.41 .99 .51 .32 .15 .35 .38 .32 .36 .29 .21];
>> DG= sparse([6 1 2 2 3 4 4 5 5 6 1], [2 6 3 5 4 1 6 3 4 3 5], W)
DG=
     (4, 1)        0.4500
     (6, 2)        0.4100
     (2, 3)        0.5100
     (5, 3)        0.3200
     (6, 3)        0.2900
     (3, 4)        0.1500
     (5, 4)        0.3600
     (1, 5)        0.2100
     (2, 5)        0.3200
     (1, 6)        0.9900
     (4, 6)        0.3800
>> h= view(biograph(DG, [], 'ShowWeights', 'on'))
```

(2) 找到从节点 1 到 6 之间的最短路径.

```
>> [dist, path, pred]= graphshortestpath(DG, 1, 6)
dist=
     0.9500
path=
     1  5  4  6
pred=
     0  6  5  5  1  4
```

(3) 标记最短路径 (图 17.7).

```
>> set(h. Nodes(path), 'Color', [1 0.4 0.4])
>> edges= getedgesbynodeid(h, get(h. Nodes(path), 'ID'));
>> set(edges, 'LineColor', [1 0 0])
>> set(edges, 'LineWidth', 1.5)
```

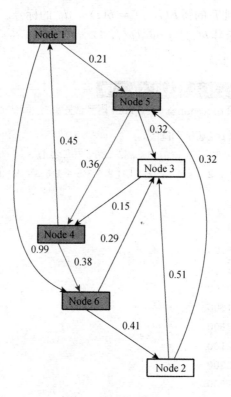

图 17.7　最短路径

Dijkstra 算法仅适用于边权非负的图. 若一个图, 通常是有向图, 边权可能是负的, 这时候寻找最短路径可以使用矩阵算法, 称为 Floyd 算法, 也称为 Warshall-Floyd 算法. 该最短路的矩阵算法是将图表示成矩阵形式, 然后利用矩阵表, 计算出最短路. 矩阵算法的原理与标号算法完全相同, 只是它采用了矩阵形式, 更利于计算机计算.

(1) 将图表示成邻接矩阵 $W$ 形式 (AdjMax), 元素的值为权重, 即对所有 $i$, $j$, $W_{ij} = d_{ij}$. $d_{ij}$ 为 $(i, j)$ 有向边的权重, 若没有这条边, $d_{ij} = +\infty$. 指标 $t = 1$.

(2) 更新 $d_{ij}$, 若有某个 $k$, 使得 $d_{ik} + d_{kj} < d_{ij}$, 则 $d_{ij} = d_{ik} + d_{kj}$. 对所有 $i$, $j$, 更新完 $d_{ij}$, 更新指标 $t = t + 1$.

(3) 若有某个 $d_{ii} < 0$, 则该有向图存在一条负回路, 算法异常停止. 若 $t = n$ ($n$ 为顶点数), 则算法正常停止. 否则, 转第 (2) 步.

## 实验 17.2：Floyd 算法

用 Floyd 算法求得最短路径：

```
function[S, P]= floyd(AdjMax)
% AdjMax: Adjacent matrix that represents a weighted, directed graph
% S: distance to destination node
% P: next hop node
 S= AdjMax;
 N= length(S);
 P= - ones(N, N);
 for k= 1: N,
   for i= 1: N,
     for j= 1: N, z
       if S(i, j)> S(i, k)+ S(k, j),
         if P(i, k)= = - 1,
           P(i, j)= k;
         else
           P(i, j)= P(i, k);
         end
         S(i, j)= S(i, k)+ S(k, j);
       end
     end
   end
 end
```

## 实验 17.3：一个外汇兑换模型

已知 2016 年的某天外汇市场部分货币的汇率如表 17.1 所示.

表 17.1　2016 年的某天外汇市场部分货币的汇率

|  | 美元 | 人民币 | 澳元 | 欧元 | 英镑 | 日元 |
|---|---|---|---|---|---|---|
| 美元 | 1 | 6.449 6 | 1.349 0 | 0.909 4 | 0.703 2 | 113.68 |
| 人民币 | 0.153 2 | 1 | 0.204 2 | 0.139 1 | 0.107 6 | 17.391 |
| 澳元 | 0.741 1 | 4.811 4 | 1 | 0.6740 | 0.521 3 | 84.259 6 |
| 欧元 | 1.098 9 | 6.907 4 | 1.482 4 | 1 | 0.772 9 | 124.945 7 |
| 英镑 | 1.420 2 | 8.929 3 | 1.917 0 | 1.291 8 | 1 | 161.527 9 |
| 日元 | 0.008 7 | 0.055 3 | 0.011 8 | 0.008 0 | 0.006 1 | 1 |

设想1元人民币,你可以把它换成美元,再换成欧元,最后再换成人民币,则有 $1 \times 0.1532 \times 0.9094 \times 6.9074 = 0.9623$ 元人民币. 是不是有这么一条兑换货币的途径,使得你本来有1元人民币(或者其他货币),最后再换回来,可以换出多于1元的本钱呢?可以看出,以货币为节点的图,汇率是这个图的边,但边的权重却是相乘而不是相加. 可以把所有边权都取成对数,则人民币换成美元、欧元、最后换回人民币的回路权重(长度)为 $\ln 0.1532 + \ln 0.9094 + \ln 6.9074 = -0.0384$,就是相加的方式. 如果能找到长度为正的回路,就可以利用货币兑换赚钱了. 尝试如下的程序:

```
% money. m
      ┌   1      6.4496   1.3490   0.9094   0.7032    113.68  ┐
      │ 0.1532     1      0.2042   0.1391   0.1076    17.391  │
      │ 0.7411   4.8114     1      0.6740   0.5213    84.2596 │
A=    │ 1.0989   6.9074   1.4824     1      0.7729   124.9457 │ ;
      │ 1.4202   8.9293   1.9170   1.2918     1      161.5279 │
      └ 0.0087   0.0553   0.0118   0.0080   0.0061     1      ┘
- log(A)
[S, P]= floyd(- log(A))
```

这里找不到正圈,但最后这两个矩阵 S 与 $-\log(A)$ 并不完全一致. 仔细想一想,这说明什么问题?

### 17.3.4  最小生成树

树是图论中的重要概念. 所谓树,就是一个无圈的连通图. 一个树,它的边数总比顶点数少1. 因此,满足这个性质的无圈的,或者联通的图也就是树.

已知一个无向图 $G = (V, E)$,保留 $G$ 的所有点,而删掉 $G$ 的部分边或者说保留 $G$ 的一部分边,所获得的图称为 $G$ 的生成子图. 如图17.8所示,图(b)和图(c)都是图(a)的生成子图. 如果图 $G$ 的一个生成子图还是一个树,则称这个生成子图为生成树. 在图 17.8 中,图(c)就是图(a)的生成树. 最小生成树(Minimal Spanning Tree)问题就是指在一个赋权连通无向图 $G$ 中找出一个生成树,并使得这个生成树的所有边的权数之和为最小.

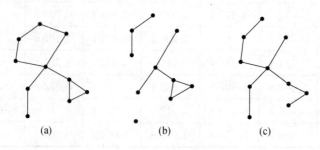

(a)            (b)            (c)

图 17.8  生成树

求解最小生成树的破圈算法：

（1）在给定的赋权的连通图上任找一个圈．

（2）在所找的圈中去掉一个权数最小的边（如果有两条或两条以上的边都是权数最小的边，则任意选取其中一条）．

（3）如果所余下的图已不包含圈，则计算结束，所余下的图即为最小生成树，否则返回第（1）步．

**实验 17.4：最小生成树的破圈法**

用破圈算法得到一个图的最小生成树．

```
function A= mst(W)
%  minimal spanning tree
  n= size(W, 1);
  W(isinf(W))= 0;              % adjacency- - > incidence
  [i, j, s]= find(triu(W));
  [tmp, p]= sort(s);           % sort W's edge by weight
  E= [i(p) j(p) s(p)]';
  A= [];
  S= 1: n;
  for i= 1: size(E, 2),
    if S(E(1, i))~ = S(E(2, i)), % find- set(u)~ = find- set(v)
      A= [AE(:, i)]; % A= A+ (u, v)
      ind= S(E(1, i)); % union(u, v)
      for j= 1: n,
        if S(j)= = ind,
          S(j)= S(E(2, i));
        end
      end
    end
  end
```

演示如下：

**实验 17.5：破圈法演示程序**

在屏幕上输入：

```
function mst_demo
  i= [2 4 7 8 1 5 8 4 5 6 7 1 3 7 2···
      3 7 8 3 7 1 3 4 5 6 8 1 2 5 7];
  j= [1 1 1 1 2 2 2 3 3 3 3 4 4 4 5···
      5 5 5 6 6 7 7 7 7 7 7 8 8 8 8];
```

```
s= [4   9   5   7   4   9   7   10   16   9   15   9   10   10   9···
    16  14  13  9   13  5   15  10   14   13  18   7   7   13   18];
G= sparse(i, j, s);
n= size(G, 1);
h= view(biograph(triu(G), [], 'ShowWeights', 'on', ···
                        'ShowArrow', 'o?'));
A= mst(G);
T= sparse(A(1, :), A(2, :), A(3, :), n, n);
ht= view(biograph(T, [], 'ShowWeights', 'on', ···
                        'ShowArrow', 'o?'));
```

求解最小生成树也有如下的避圈算法：

（1）去掉 G 中所有边，得到 $n$ 个孤立点，然后加边.

（2）从最短边开始添加，加边的过程中不能形成圈，直到任意两点之间连通（即只包含 $n-1$ 条边）.

（3）如果所余下的图已不包含圈，则计算结束，所余下的图即为最小生成树，否则返回第（2）步.

读者可以实现自己的避圈法.

### 17.4  练习题

1. 利用实验 17.1 的数据建立 6 节点 11 边的无向图 UG＝tril(DG＋DG')，并求出其从节点 1 到节点 6 之间的最短路径.

2. 电信公司准备在甲、乙两地沿路架设一条光缆线，问如何架设使其光缆线路最短？如图 17.9 所示给出了甲乙两地间的交通图. 权数表示两地间公路的长度（单位：千米）.

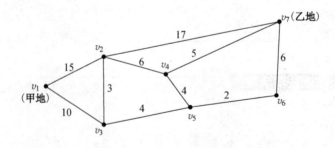

图 17.9  光缆示意图

3. 设备更新问题. 某公司使用一台设备，在每年年初，公司就要决定是购买新的设备还是继续使用旧设备. 如果购置新设备，就要支付一定的购置费，当然新设备的维修费用就低. 如果继续使用旧设备, 可以省去购置费, 但维修费用就高了. 请设计一个五年之内的设备更新计划, 使得五年内购置费用和维修费用的总和最小. 已知价格表及维修费如表 17.2 及表 17.3 所示.

**表 17.2 设备每年年初的价格表**

| 年份 | 1 | 2 | 3 | 4 | 5 |
|------|-----|-----|-----|-----|-----|
| 年初价格 | 200 | 210 | 230 | 240 | 260 |

**表 17.3 设备维修费用表**

| 使用年数 | 0−1 | 1−2 | 2−3 | 3−4 | 4−5 |
|----------|-----|-----|-----|-----|-----|
| 每年维修费 | 30 | 130 | 190 | 270 | 390 |

4. 某大学准备对其所属的 7 个学院办公室计算机联网, 这个网络的可能联通的途径如图 17.10 所示, 图中 $v_1, \cdots, v_2$ 表示 7 个学院办公室, 请设计一个网络能联通 7 个学院办公室, 并使总的线路长度为最短.

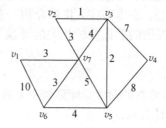

图 17.10 计算机联网示意图

5. 用 MATLAB 实现避圈法.

6. 快联公司想要在公司下属几个分公司已有的电话网络上架设升级的专用通讯网络. 已知升级任意两个公司之间的网络连接代价如表 17.4, 且在专用网络中, 任一子公司可以间接地通过升级网络与其他的子公司相互连接. 问升级网络如何架设最为经济?

**表 17.4 子公司之间设计网络的费用**

| 子公司 | 1 | 2 | 3 | 4 | 5 |
|--------|-----|-----|-----|-----|-----|
| 1 | — | 120 | 210 | 232 | 165 |
| 2 | 120 | — | 207 | 179 | 115 |
| 3 | 210 | 207 | — | 192 | 260 |
| 4 | 232 | 179 | 192 | — | 202 |
| 5 | 165 | 115 | 260 | 202 | — |

# 第 18 章　数据的基本统计分析

　　很多实际问题都需要进行大数据分析，这当中数据分析、数据挖掘等工作直接决定了实施方案的质量. 在本节中，我们介绍一些数据分析处理的基本方法，以及一些 MATLAB 提供的数据分析相关的可视化功能.

## 18.2　实验目的 ▸▶

　　1. 掌握随机变量分布函数的命令，计算概率并作出密度曲线，对于实验得到的数据能进行初步的统计分析.
　　2. 掌握大样本数据的处理方法，数据可视化作图的命令，并熟悉一些检验方法.

## 18.3　实验内容 ▸▶

### 18.3.1　常用分布及概率问题求解

　　概率论与数理统计是实验科学中常用的数学分支，其传统的求解方法经常需要用查询表格的方式解决. MATLAB 语言提供了专用的统计工具箱，包含了大量的函数，可以直接求解概率论与数理统计领域的问题.
　　在 MATLAB 统计工具箱中有以下各种相关分布，如表 18.1 所示.

表 18.1　统计工具箱中函数名关键词一览表

| 关键词 | 分布名称 | 有关参数 | 关键词 | 分布名称 | 有关参数 |
|--------|----------|----------|--------|----------|----------|
| beta | $\beta$ 分布 | $a, b$ | norm | 正态分布 | $\mu, \sigma$ |
| bino | 二项分布 | $n, p$ | poiss | 泊松分布 | $\lambda$ |
| exp2 | $\chi^2$ 分布 | $k$ | rayl | Rayleigh 分布 | $b$ |
| exp | 指数分布 | $\lambda$ | t | T 分布 | $k$ |
| f | F 分布 | $p, q$ | unif | 均匀分布 | $a, b$ |

| 关键词 | 分布名称 | 有关参数 | 关键词 | 分布名称 | 有关参数 |
|--------|----------|----------|--------|----------|----------|
| gam | $\Gamma$ 分布 | $a, \lambda$ | wbl | weibull 分布 | $a, b$ |
| geo | 几何分布 | $p$ | ncf | 非中心 F 分布 | $k, \delta$ |
| hyge | 超几何分布 | $m, p, n$ | nct | 非中心 T 分布 | $k, \delta$ |
| logn | 对数正态分布 | $\mu, \sigma$ | ncx2 | 非中心 $\chi^2$ 分布 | $k, \delta$ |

注意：表 18.1 中给出的关键词并不是 MATLAB 函数本身，而仅是一个"词根"．表中给出的函数名关键词再加上相应的词的后缀，才构成了各种概率统计函数．具体地讲，函数名关键词加后缀 pdf 时表示求取概率密度的函数（Probability Density Function），加后缀 cdf 时表示分布函数（Cumulative Distribution Function），加后缀 inv 时表示逆分布函数（Inverse of Distribution Function），加后缀 rnd 时表示随机数生成函数（RaNDom matrix），加后缀 stat 时表示分布的均值与方差（STAT 是"统计"的前 4 个字母），加后缀 fit 时表示参数估计（Fitting）．

学会了这样的组合，可以立即构造出所需的函数名．例如，normpdf 为正态分布的概率密度函数，poisscdf 为泊松分布的概率分布函数，lognfit 为对数正态分布的参数与区间估计函数．这里面，除了有几个分布没有参数估计外，泊松分布的均值与方差函数写为 poisstat，均匀分布的参数估计函数写为 unifit．

由于正态分布是实际中最常用的分布，我们以此为例说明如何利用 MAT-LAB 中的函数来计算正态分布的分布函数、概率密度函数值、做出密度函数曲线以及求出分位数的功能，其他分布的计算方法基本相同．

正态分布函数的调用格式为：

```
y= normpdf(x, mu, sigma)
F= normcdf(x, mu, sigma)
x= norminv(F, mu, sigma)
```

其中，mu 和 sigma 分别为正态分布的均值和标准差，x 为选定的一组横坐标向量，y 为 x 各点处的概率密度函数的值，F 为 x 各点处的分布函数值，故这样得出的三个向量 $x$，$y$ 和 $F$ 维数应该完全一致．normpdf，normcdf，norminv 分别为正态分布的概率密度函数、概率分布函数和逆分布函数．

**实验 18.1：概率分布**

**例题** 已知随机变量 $X \sim N(2, 0.5^2)$，试计算

(1) $P(0 < X < 1)$，$P(X \leqslant 3)$；

(2) 若 $P(X < F) = 0.6827$，求 $F$ 的值；

(3) 做出区间 $[-2.5, 3.5]$ 上的概率密度曲线．

**解** 在命令窗口中运行如下命令：

```
>> normcdf(1, 2, 0.5)- normcdf(0, 2, 0.5)
ans=
    0.0227
>> normcdf(3, 2, 0.5)
ans=
    0.9772
>> x= norminv(0.6827, 2, 0.5)
x=
  2.2376
>> p= normspec([- 2.5, 3.5], 2, 0.5)
```

### 18.3.2　统计量分析

1. 随机变量的均值和方差

若已知一组随机变量样本数据构成的向量 $x=[x_1, x_2, \cdots, x_n]^T$，则可以直接使用 MATLAB 函数 mean，var 和 std 求出该向量表示的样本的均值、方差和标准差. 这三个函数的调用格式为：mean(x)，var(x)，和 std(x).

在 MATLAB 中其他的关于数据分析特征的函数如表 18.2 所示.

**表 18.2　数据特征函数**

| 位置特征 | MATLAB 函数 | 变异特征 | MATLAB 函数 |
|---|---|---|---|
| 算术平均 | mean | 极差 | range |
| 中位数 | median | 方差 | var |
| 切尾平均 | trimmean | 标准差 | std |
| 几何平均 | geomean | 四分位极差 | iqr |
| 调和平均 | harmmean | 平均绝对偏差 | mad |

下面假设样本数据 $x=(x_1, x_2, \cdots, x_n)$，且 $x_1 \leqslant x_2 \leqslant x_3 \leqslant \cdots \leqslant x_n$. 在统计分析中，算术平均为 $m=\dfrac{1}{n}\sum\limits_{i=1}^{n} x_i$；中位数为 $\dfrac{1}{2}(x_{\frac{n}{2}} + x_{\frac{n}{2}+1})$（当 $n$ 为偶数）或者 $x_{\frac{n+1}{2}}$（当 $n$ 为奇数）；切尾平均是去掉最高和最低的部分样本后得到的算术平均值，即若 $p\%$ 是要切除的数据的百分比，则切尾平均值为 $\dfrac{1}{n-2k}\sum\limits_{i=k+1}^{n-k} x_i$，其中 $k=\dfrac{1}{2}n \times p/100$，MATLAB 的调用方式为 trimmean$(x, p)$；几何平均值为 $\left(\prod\limits_{i=1}^{n} x_i\right)^{\frac{1}{n}}$；调和平均值为 $\left(\dfrac{1}{n}\sum\limits_{i=1}^{n} x_i\right)^{-1}$；极差为 $x_n - x_1$；方差为 $\sigma^2 =$

$\dfrac{1}{n-1}\sum\limits_{i=1}^{n}(x_i-m)^2$，标准差 $\sigma$ 的平方就是方差；四分位极差是 $75\%$ 分位数和

$25\%$ 分位数的差；平均绝对偏差为 $\dfrac{1}{n}\sum\limits_{i=1}^{n}\mid x_i-m\mid$.

---

**实验 18.2：均值与方差**

**例题**　试求出 Rayleigh 分布 ($b=0.45$) 的均值与方差.

**解**　直接使用函数 raylstat，在命令窗口中输入下面的语句即可求出该分布的均值与方差：

```
>> [m, s]= raylstat(0.45)
m=
   0.5640
s=
   0.0869
```

---

2. 随机变量的矩，峰度系数，偏度系数，变异系数

MATLAB 给出了计算随机样本的矩、峰度系数、偏度系数和变异系数的各种函数. 这些函数的调用格式为：

```
moment(x, n)              % 求解随机向量 x 的 n 阶中心矩
kurtosis(x)               % 求解随机向量 x 的峰度系数
skewness(x)               % 求解随机向量 x 的偏度系数
std(x)/abs(mean(x))       % 求解随机向量 x 的变异系数
```

其中，x 为样本数据，n 为阶数. 若 x 为矩阵，则可得矩阵各列的矩、峰度、偏度和变异系数，此时计算变异系数的公式应改为 std(x)./abs(mean(x))，即同维向量应该使用点除.

采用前面相同的记号，$p$ 阶中心矩为 $\dfrac{1}{n}\sum\limits_{i=1}^{n}(x_i-m)^p$. 偏度系数 $s$ 等于 3 阶中心矩与标准差的 3 次幂的比，偏度系数用于刻画数据分布的对称性，当 $s>0$ 时称为正偏，当 $s<0$ 时称为负偏，当 $s$ 接近于零时，可以认为分布是对称的. 峰度系数 $k$ 等于 4 阶中心矩与标准差的 4 次幂的比，它反映了分布曲线的陡缓程度，正态分布的峰度为 3，若 $k>3$ 则表明数据分布有较厚的尾部. 变异系数用于刻画数据的变化大小，不同指标的变异系数常用来计算客观性权重.

---

**实验 18.3：峰度与偏度**

**例题**　表 18.3 给出了 15 种资产 $S_i$ ($1\leqslant i\leqslant 15$) 的收益率 $r_i$ (%) 和风险损失率 $q_i$ (%)，分别计算这些数据的峰度与偏度.

**解**　首先输入收益率数据 x 与风险损失率数据 y：

```
>> x= [9.6 18.5 49.4 23.9 8.1 14 40.7 31.2 33.6 36.8 11.8 9 35 9.4 15];
>> y= [42 54 60 42 1.2 39 68 33.4 53.3 40 31 5.5 46 5.3 23];
>> skewness(x)      % 计算收益率的偏度系数,结果为: 0.4624
>> kurtosis(x)      % 计算收益率的峰度系数,结果为: 1.8547
>> skewness(y)      % 计算风险损失率的偏度系数,结果为: - 0.4215
>> kurtosis(y)      % 计算风险损失率的峰度系数,结果为: 2.2506
从计算结果可知,收益率是正偏,而风险损失率为负偏;二者峰度都小于 3,属于平阔峰.
```

**表 18.3    15 种资产的收益率和风险损失率**

| $S_i$ | $r_i/\%$ | $q_i/\%$ | $S_i$ | $r_i/\%$ | $q_i/\%$ | $S_i$ | $r_i/\%$ | $q_i/\%$ |
|-------|----------|----------|-------|----------|----------|-------|----------|----------|
| $S_1$ | 9.6 | 42 | $S_6$ | 14 | 39 | $S_{11}$ | 11.8 | 31 |
| $S_2$ | 18.5 | 54 | $S_7$ | 40.7 | 68 | $S_{12}$ | 9 | 5.5 |
| $S_3$ | 49.4 | 60 | $S_8$ | 31.2 | 33.4 | $S_{13}$ | 35 | 46 |
| $S_4$ | 23.9 | 42 | $S_9$ | 33.6 | 53.3 | $S_{14}$ | 9.4 | 5.3 |
| $S_5$ | 8.1 | 1.2 | $S_{10}$ | 36.8 | 40 | $S_{15}$ | 15 | 23 |

### 18.3.3    大样本数据的处理

标准化是通常大样本数据的处理方法之一,具体操作就是将数据矩阵的各列(行)元素减去该列(行)的均值,再比上该列(行)的标准差.

**表 18.4    2011 年各地区"三资"工业企业主要经济效益指标**

| | 总资产贡献率/% | 资产负债率/% | 流动资产周转次数/(次/年) | 成本费用(利润率)/% | 产品销售率/% | | 总资产贡献率/% | 资产负债率/% | 流动资产周转次数/% | 成本费用(利润率)/% | 产品销售率/% |
|---|---|---|---|---|---|---|---|---|---|---|---|
| 全国 | 15.22 | 59.12 | 2.36 | 8.05 | 98.18 | 河南 | 18.32 | 58.44 | 3.35 | 7.86 | 98.56 |
| 北京 | 7.26 | 49.30 | 1.69 | 7.68 | 99.06 | 湖北 | 13.70 | 60.55 | 2.34 | 7.53 | 97.54 |
| 天津 | 19.32 | 63.48 | 2.36 | 11.16 | 99.21 | 湖南 | 21.04 | 61.48 | 2.80 | 8.11 | 98.80 |
| 河北 | 12.32 | 62.59 | 2.80 | 6.02 | 98.40 | 广东 | 15.04 | 58.42 | 2.28 | 6.87 | 97.56 |
| 山西 | 12.09 | 67.14 | 1.65 | 8.63 | 96.83 | 广西 | 14.90 | 63.25 | 2.35 | 6.87 | 95.35 |
| 内蒙古 | 18.63 | 60.15 | 2.24 | 16.99 | 98.36 | 海南 | 19.12 | 56.38 | 2.49 | 8.45 | 98.79 |
| 辽宁 | 11.69 | 62.21 | 2.10 | 5.16 | 98.38 | 重庆 | 12.84 | 61.68 | 2.35 | 5.60 | 97.43 |
| 吉林 | 17.72 | 57.94 | 2.78 | 8.11 | 98.78 | 四川 | 15.02 | 61.88 | 2.33 | 8.20 | 97.77 |
| 黑龙江 | 25.72 | 56.73 | 2.07 | 18.24 | 97.31 | 贵州 | 14.93 | 65.15 | 1.78 | 11.74 | 95.32 |

续表

| | 总资产贡献率/% | 资产负债率/% | 流动资产周转次数/(次/年) | 成本费用(利润率)/% | 产品销售率/% | | 总资产贡献率/% | 资产负债率/% | 流动资产周转次数/% | 成本费用(利润率)/% | 产品销售率/% |
|---|---|---|---|---|---|---|---|---|---|---|---|
| 上海 | 14.55 | 51.88 | 2.15 | 7.17 | 98.76 | 云南 | 18.71 | 59.46 | 1.81 | 9.71 | 97.33 |
| 江苏 | 14.84 | 58.60 | 2.41 | 7.32 | 98.89 | 西藏 | 4.93 | 25.44 | 0.65 | 14.59 | 107.27 |
| 浙江 | 13.53 | 59.03 | 1.98 | 6.90 | 98.06 | 陕西 | 18.72 | 57.05 | 1.76 | 18.24 | 96.82 |
| 安徽 | 13.78 | 62.34 | 2.69 | 7.37 | 97.88 | 甘肃 | 11.68 | 63.27 | 2.32 | 4.24 | 97.80 |
| 福建 | 18.34 | 52.30 | 2.61 | 9.28 | 97.38 | 青海 | 13.11 | 60.74 | 1.68 | 15.91 | 95.50 |
| 江西 | 16.82 | 59.32 | 3.15 | 6.86 | 98.86 | 宁夏 | 8.77 | 65.60 | 1.72 | 8.05 | 95.97 |
| 山东 | 16.79 | 59.10 | 2.85 | 7.59 | 98.88 | 新疆 | 19.73 | 52.55 | 2.49 | 18.62 | 98.76 |

**实验 18.4：峰度与偏度**

**例题** 表 18.4 所示是 2011 年各地区"三资"工业企业主要经济效益指标, 试将表中的数据标准化.

**解** 将数据粘贴到 MATLAB 的文件编辑窗口, 建立 M 文件如下:

```
% economic2011.m
A= [15.22 59.12 2.36 8.05 98.18 18.32 58.44 3.35 7.86 98.56
    7.26 49.30 1.69 7.68 99.06 13.70 60.55 2.34 7.53 97.54
    19.32 63.48 2.36 11.16 99.21 21.04 61.48 2.80 8.11 98.80
    12.32 62.59 2.80 6.02 98.40 15.04 58.42 2.28 6.87 97.56
    12.09 67.14 1.65 8.63 96.83 14.90 63.25 2.35 6.87 95.35
    18.63 60.15 2.24 16.99 98.36 19.12 56.38 2.49 8.45 98.79
    11.69 62.21 2.10 5.16 98.38 12.84 61.68 2.35 5.60 97.43
    17.72 57.94 2.78 8.11 98.78 15.02 61.88 2.33 8.20 97.77
    25.72 56.73 2.07 18.24 97.31 14.93 65.15 1.78 11.74 95.32
    14.55 51.88 2.15 7.17 98.76 18.71 59.46 1.81 9.71 97.33
    14.84 58.60 2.41 7.32 98.89 4.93 25.44 0.65 14.59 107.27
    13.53 59.03 1.98 6.90 98.06 18.72 57.05 1.76 18.24 96.82
    13.78 62.34 2.69 7.37 97.88 11.68 63.27 2.32 4.24 97.80
    18.34 52.30 2.61 9.28 97.38 13.11 60.74 1.68 15.91 95.50
    16.82 59.32 3.15 6.86 98.86 8.77 65.60 1.72 8.05 95.97
    16.79 59.10 2.85 7.59 98.88 19.73 52.55 2.49 18.62 98.76]];
format short g
A= [A(:, 1: 5); A(:, 6: 10)];          % 整理数据
n= size(A, 1)- 1;                       % 统计省份个数
```

```
m1= mean(A(2: n+ 1, :));          % 求各列均值(除去第一行: 全国)
m= m1(ones(n, 1), :);             % n行矩阵各行都是 m1, 或 ones(n, 1)* m1
s1= std(A(2: n+ 1, :));           % 求各列标准差
s= s1(ones(n, 1), :);             % n行矩阵各行都是 s1
AA= (A(2: n+ 1, :)- m)./s         % 标准化
b1= A(1, :);                      % 全国的各项指标
b= b1(ones(n, 1), :);             % n行矩阵各行都是 b1
B= (A(2: n+ 1, :)- b)./s          % 与全国指标比较
```

### 18.3.4  直方图与概率值检验函数

为了直观地了解随机样本的分布特征，如对称性、峰值等，经常使用直方图. MATLAB 中直方图函数的调用格式为 hist(data, k). 这里，data 是原始数据，该命令将数据所在区间分成 $k$ 等分(缺省值为 10)，并描绘出频数直方图. 如果需要事先给出划分的小区间，则将区间的中点存放在向量 nb 中，使用命令格式[n, nb]＝hist(data, nb)，其中，n 返回 $k$ 个小区间的频数，nb 返回小区间的中点. 不带任何返回变量时，系统就直接给出直方图.

**实验 18.5：直方图**

**例题**  画出 2011 年全国各地区资产负债率的直方图，数据如表 18.4 所示.

**解**  利用前一例子中已经写好的程序(生成的矩阵 **A**)，在 MATLAB 中编写程序如下

```
A2= A(2: n+ 1, 2);
hist(A2)
```

得到图形如图 18.1 所示.

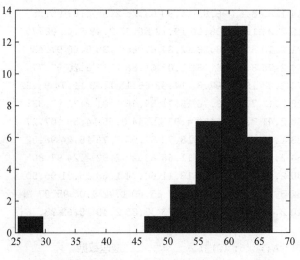

图 18.1  资产负债率的直方图

在 MATLAB 中，概率值检验函数的调用格式为：normplot(data)若数据 data 服从正态分布，则作出的图形基本上都位于一直线上；weibplot(data)若数据 data 服从 Weibull 分布，则作出的图形基本上都位于一直线上.

**实验 18.6：直方图**

**例题**　中国各地区 2011 年三资工业企业的经济指标中，年流动资产周转次数是否服从 Weibull 分布? 是否服从正态分布?

**解**　年流动资产周转次数数据为 a＝A(2：n＋1, 3)，然后输入命令 hist(a)得到直方图，从图中所示的直方图发现数据比较接近于正态分布. 想要检验这一猜测，可以利用 MATLAB 命令 normplot(a)进行检验，图形结果如图 18.2 所示. 从图中可见数据点基本上都位于直线上，故可认为该数据服从正态分布，然后在命令窗口中输入命令：

```
>> mean(a), std(a)
ans=
    2.259
ans=
    0.52952
```

可计算出该数据的均值为 2.259，标准差为 0.52952，所以样本数据服从正态分布 $N(2.259, 0.52952^2)$.

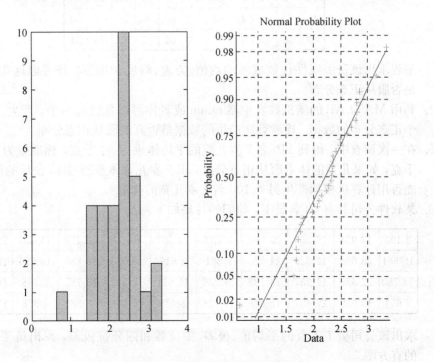

图 18.2　年流动资产周转次数

### 18.4 练习题

1. 某次外语考试抽样调查结果表明，学生外语考试成绩近似服从正态分布，且其均值为 72 分，并已知超过 96 分的人数占总人数的 2.3%，试求出该次考生外语成绩介于 60 到 80 分之间的概率.

2. 检验正文中 2011 年全国各地"三资"工业企业的各数据是否服从正态分布或者 Weibull 分布.

3. 某班级线性代数课程考试成绩如下表：

| 69 | 68 | 88 | 75 | 87 | 82 | 61 | 60 | 77 | 64 | 51 |
|----|----|----|----|----|----|----|----|----|----|----|
| 86 | 84 | 66 | 73 | 67 | 56 | 57 | 63 | 67 | 88 | 68 |
| 72 | 76 | 72 | 75 | 84 | 70 | 72 | 71 | 80 | 67 | 74 |
| 66 | 90 | 26 | 70 | 56 | 56 | 74 | 84 | 87 | 59 | 84 |
| 86 | 56 | 43 | 42 | 68 | 54 | 65 | 21 | 83 | 76 | 76 |
| 72 | 63 | 80 | 74 | 88 | 53 | 60 | 82 | 48 | 69 | 50 |
| 71 | 54 | 80 | 78 | 86 | 69 | 76 | 64 | 77 | 72 | 75 |
| 81 | 72 | 68 | 90 | 83 | 64 | 5 | 82 | 22 | 92 | 26 |
| 48 | 72 | 49 | 71 | 44 | 50 | 60 | 76 | 79 | 53 | 80 |
| 89 | 50 | 45 | 54 | 76 | 28 | 62 | 65 | 85 | 79 | 81 |

编程求出该班级线性代数成绩的均值、方差、峰度和偏度？并考虑这些成绩是否服从正态分布.

4. 利用 MATLAB 的随机数发生器 randn 或者你可以自己写一个，产生 1 000 个正态分布的数据. 检验算法产生的数据是否真的服从正态分布.

5. 在一次调查中，得到 110 名 7 岁儿童的平均体重为 30 千克，标准差为 4.72 千克，如果儿童的体重服从正态分布，求 7 岁儿童体重超过 45 公斤的概率？能否用计算机模拟产生另外 100 名 7 岁儿童的体重？

6. 某软件公司共有 40 名员工，他们的月薪如下表：

| 2 193 | 12 934 | 16 054 | 23 062 | 2 132 | 23 551 | 6 706 | 19 496 | 15 358 | 22 105 |
|-------|--------|--------|--------|-------|--------|-------|--------|--------|--------|
| 19 661 | 28 895 | 12 325 | 21 405 | 9 391 | 5 617 | 18 083 | 18 835 | 18 285 | 17 946 |
| 24 780 | 22 336 | 11 337 | 18 132 | 21 232 | 11 931 | 12 319 | 10 755 | 2 716 | 18 590 |
| 2 654 | 19 039 | 27 452 | 18 846 | 18 126 | 6 028 | 24 646 | 3 090 | 4 358 | 19 634 |

求出该公司员工工资的平均值、极差、中位数和四分位极差，画出员工工资的直方图.

# 索　引

## A

abs, 15, 49
acos, 69
all, 33
ans, 3
any, 33
atan2, 82
axis, 61, 78

## B

bar, 61, 77
bar3, 83
binornd, 57
blanks, 45

## C

cart2pol, 88
cart2sph, 88
case, 37
ceil, 5, 59, 128
clear, 3
clf, 105
collect, 17
comet, 77
comet3, 83

compan, 93
compass, 77
compose, 19
contour, 85, 119
contour3, 85
conv, 100
cos, 4
cosd, 42
cot, 4
cross, 68
cumsum, 60
cylinder, 85

## D

dblquad, 109
deconv, 100
det, 14
diag, 11
diff, 21, 27
digits, 21
disp, 5, 44
doc, 4
dot, 68
double, 21

## E

edit, 4

eig, 14
elfun, 5
else, 34
elseif, 34
end, 10, 34
error, 36
errorbar, 77
eval, 21
exit, 2
exp, 15
expand, 18
exprnd, 57
eye, 9
ezplot, 29, 75, 101
ezpolar, 76

**F**

factor, 18
feather, 77
feval, 41
fill, 77, 79
fill3, 83
find, 9, 33
findsym, 20
finverse, 19
fix, 5
fliplr, 12
flipud, 12
floor, 5, 51
for, 38
format, 2, 5, 12
fplot, 75
fprintf, 13, 36
fsolve, 103
function, 38

fzero, 104

**G**

gcd, 54, 136
geomean, 155
getframe, 61
graphshortestpath, 147
grid, 78

**H**

harmmean, 155
help, 4, 41
hilb, 14
hist, 77, 172
hold, 61, 74, 79
home, 44

**I**

i, 2
if, 34
imag, 104
inf, 2
inline, 41
input, 4, 36
int, 108
intersect, 66
inv, 14, 91
iqr, 155
isempty, 33
isequal, 33
isinf, 34
isnan, 33
isprime, 34

## J

j, 2

## K

kurtosis, 169, 171

## L

legend, 79
length, 9
limit, 24
line, 101
linspace, 5, 87
log, 149
loglog, 77
lognfit, 154, 167
lookfor, 5
lower, 132
Imagic, 8

## M

mad, 155
magic, 8
mean, 112, 168
median, 155
mesh, 85
meshc, 85
meshgrid, 84
meshz, 85
min, 15
mod, 5, 12
moment, 155, 169
moviein, 60

## N

nan, 3
nargin, 57
nargout, 117
norm, 69, 86
normcdf, 168
norminv, 167
normrnd, 57
normpdf, 167
normplot, 16
normspec, 168
null, 14, 91
num2str, 21
numden, 18
numel, 9

## O

ones, 9
otherwise, 37

## P

patch, 79
pause, 38, 44
pi, 2
pie3, 85, 86
pinv, 92
plot, 61, 73
plot3, 83
poissrnd, 57
poisscdf, 154, 167
poisstat, 154, 167
pol2cart, 88
polar, 76, 77

poly，99
poly2sym，99
polyder，101
polyfit，111
polyval，101
pretty，20
primes，48
prod，5

**Q**

quad，109，111
quiver，77

**R**

rand，14，56
randn，14
randperm，14
range，155
rank，14，71，91
raylstat，155，169
real，99
rem，5
repmat，44
reshape，12
roots，100
rot90，12，42
round，5
rref，14

**S**

semilogx，77
semilogy，77
set，61，159
setdiff，66

setxor，66
simple，17
simplify，17
sin，4
sind，42
size，9
skewness，169，171
solve，102
sort，15，48
sparse，160
sph2cart，88
sphere，85
spiral，14，50
sqrt，5
stairs，77
std，168，173
stem，77
stem3，83
str2num，21
strcmpi，133
strvcat，10
subplot，77，79
subs，21，116
sum，3
surf，85
surfc，85
surfl，85
switch，37
sym，16
syms，16
symsum，20，28

**T**

tan，4
taylor，28

text，78

tic，56

title，61，74，78

toc，56

trace，14

trapz，109

tril，11

trimmean，155，168

triplequad，109

triu，11

type，41

**U**

unidrnd，57

unifit，154，167

unifrnd，57

union，66

**V**

var，155，168

varargin，126

view，147，159

vpa，21

**W**

waterfall，85

weibplot，158

which，4

while，38

who，4

whos，4

**X**

xlabel，73

xor，33

**Y**

ylabel，73

**Z**

zeros，9

其他

：，3，6，10

．＊，7

．／，8

．^，8

＞，32

＜，32

＞＝，32

＜＝，32

＝＝，32

～＝，32

&，33

～，33

|，33

…，3

'(转置)，12

\n，13

\t，13

\\，13

\，14，91，93

%，2

# 参考文献

［1］曹珍富.丢番图方程引论[M].哈尔滨:哈尔滨工业大学出版社,2012.

［2］邓集贤,杨维权,司徒荣,等.概率论及数理统计[M].4版.北京:高等教育出版社,2009.

［3］顾森,浴缸里的惊叹:256道让你恍然大悟的趣题[M]:北京:人民邮电出版社,2014.

［4］胡良剑,孙晓君.数学实验[M].2版.北京:高等教育出版社,2014.

［5］梁进,陈雄达,张华隆,等.数学建模讲义[M].上海:上海科学技术出版社,2014.

［6］刘汝佳.算法竞赛入门经典[M].2版.北京:清华大学出版社,2014.

［7］MATLAB公司主页,http://www.mathworks.com,2016年

［8］免费的在线数独,http://cn.sudokupuzzle.org,2016年

［9］The On-Line Encyclopedia of Integer Sequences,http://oeis.org/,2016年

［10］谭浩强.C语言程序设计[M].2版.北京:清华大学出版社,2008.

［11］谭永基,俞红.现实世界的数学视角与思维[M].上海:复旦大学出版社,2010.

［12］同济大学计算数学教研室.现代数值计算[M].上海:人民邮电出版社,2014.

［13］同济大学数学系.高等数学[M].7版.北京:高等教育出版社,2014.

［14］同济大学数学系.微积分[M].2版.北京:高等教育出版社,2003.

［15］王沫然.MATLAB与科学计算[M].3版.北京:电子工业出版社,2012.

［16］王晓东.算法设计与分析[M].3版.北京:清华大学出版社,2014.

［17］维基百科,http://en.wikipedia.org/wiki/,2016年

［18］Wolfram,http://mathworld.wolfram.com/,2016年

［19］项家樑.MATLAB在大学数学中的应用[M].上海:同济大学出版社,2014.

［20］赵静,但琦.数学建模与数学实验[M].4版.北京:高等教育出版社,2014.